날마다
천체물리

닐 디그래스 타이슨

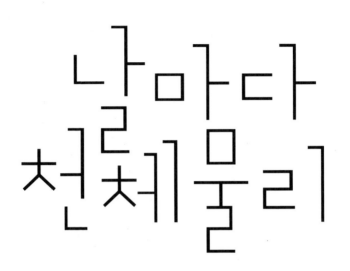

날마다 천체 물리

홍승수 옮김

사이언스
SCIENCE
BOOKS 북스

두툼한 책을 읽기에는 너무 바쁘지만
늘 우주를 그리워하는 모든 현대인을 위하여

# 책을 시작하며

\*

\*
\*

최근 들어 우리는 매주 한 건 이상의 우주 관련 기사를 헤드라인 뉴스로 만나게 된다. 우주 관련 기사가 대중 매체를 통해 우리에게 이렇게 빈번히 전달되는 것은 우주에 대한 흥미를 새롭게 느끼기 시작한 매체의 일부 게이트키퍼들의 역할 때문일 수 있겠다. 그러나 우주 관련 기사의 빈번한 출현의 배경을 들춰 보면 일반 대중의 과학에 대한 진지한 흥미와 관심이 자리한다. 우리는 그 증거를 여기저기서 찾아볼 수 있다. 우선 텔레비전 쇼 프로그램으로서 대성공을 거둔 작품들은 과학에서 영감을 얻었거나 최신 과학으로부터 정보를 입수해 제작된 경우가 허다하다. 유명 제작자와 감독 들이 인기 배우를 주연으로 내세워 크게 성공한 SF 영화, SF 소설 들도 참으로 많다. 그리고 최근에 와서는 현존 인물로서 과학 분야에 중요한 업적을 이룬 유명 과학자들의 일대기를 다룬 영화들이 그 나름의 장르를 형성하고 있다. 과학 축제, SF 경진 대회, 텔레비전에 방영되는 과학 다큐멘터리

등 역시, 전 세계인의 관심 대상이다.

최근 유명 영화 감독이 먼 별 주위를 도는 가상의 행성에서 벌어지는 사건을 소재로 만든 영화가 있는데, 이 영화가 역사상 최고의 매출액을 기록했다고 한다. 이 영화에는 유명 여배우가 천문 생물학자로 열연한다. 오늘날 과학의 거의 전 분야가 엄청난 발전을 거듭하고 있지만, 그 발전의 정점은 천체 물리학 분야가 지키고 있다. 나는 그 이유를 알 것 같다. 우리 모두는 때때로 밤하늘을 올려다보며 자신에게 묻곤 한다. 어두운 저 하늘이 함의하는 바는 무엇인가? 이 세상의 작동 원리와 작동 기제는? 우주 삼라만상에서 나는 어떤 위치를 차지할까? 이 모두가 자신의 근본을 묻는 질문이다.

우주의 속 깊은 이야기를 자신의 가슴에 담기 위해 과학 강의를 듣는다거나 교과서를 '열공'한다거나 과학 다큐멘터리에 정신을 쏟아붓기에는 당신의 일상이 너무 바쁘게 돌아갈 것이다. 시간에 등 떠밀려 매일을 살아가야 함에도, 당신은 코스모스를 탐구하는 최신 분야에서, 그러니까 천체 물리학의 최전선에서 벌어지는 사건들 중 적어도 핵심적인 사항에 대해서는 안내를 받고 싶어 할 것이다. 앞에서 제기한 질문에 대한 의미 있는 답을 찾고 싶기 때문일 것이다. 그렇다면 바로 이 책 『날마다 천체 물리(*Astrophysics for People in a Hurry*)』를 펼쳐보기 바란다. 나는 현대를 사는 모든 이들을 천체 물리학의 핵심 아이디어들과 최근에 인류가 이룩한 위대한 발견들에 대한 근원적 이해로 안내할 목적으로 이 얇은 책을 썼다. 나의 목적이 성공을 거둔다면, 당신은 적어도 나의 전문 분야와 관련해서는 교양인이라면 알아야 할 지식들을 거의 다 갖추게 될 것이다. 내가 정말로 성공적이라면, 이 책을 통해 당신의 우주에 대한 갈망이 좀 더 깊어지고, 좀 더 강렬해져야 할 것이다.

책을 시작하며

우주 삼라만상 중 그 어느 것도
당신에게 자신의 존재 의미를 설명해 줄 의무는 없다.
—NDT

# 차례

# 1
# 인류 역사상 가장 위대한 이야기

*
*  *

한처음 세상이 특정 운동을 시작한 이래 지금까지 아주 오랜 세월 동안 자신의 상태를 그대로 견지해 왔다. 거기에서 세상의 모든 것이 비롯했다.

—루크레티우스, 기원전 50년경

한처음, 그러니까 지금으로부터 거의 140억 년 전인 태초에, 현재 우리가 알고 있는 우주의 전체 시공간, 물질, 그리고 에너지가 이 문장 끝에 찍힌 마침표의 1조분의 1보다 작은 부피 안에 온통 다 뭉쳐 있었다.

그 안은 대단히 뜨거워서 우주를 지배하는 자연의 네 가지 기본 힘이 하나로 통일돼 있었다. 모든 걸 한데 뭉뚱그려 갖고 있던 그 작은 점이 어떻게 존재하게 됐는지는 아직 알려지지 않았지만, 바늘 끄트머리보다 작았던 이 우주는 팽창하는 수밖에 없었다. 그것도 지극히 빠른 속도로 말이다. 오늘날 우리는 태초의 이 팽창을 대폭발(big bang, 빅뱅)이란 이름으로 부른다.

1916년 알베르트 아인슈타인이 발표한 일반 상대성 이론을 근거로 우리는 중력의 정체를 어느 정도 이해하게 됐다. 상대성 이론에 따르면 물질과 에너지의 존재가 주위 시공간을 휘게 한다. 1920년대에 들어와서 양자 역학이 발견됨으로써 분자, 원자, 아원자(亞原子) 입자 들같이 지극히 미소한 입자들의 정체도 속속 드러나기 시작했다. 하지만 우리는 거시와 미시 세계를 각기 설명하는 두 가지 이론을 하나의 이론으로 통합하지 못하고 있다. 거시 세계를 지배하는 중력 이론과 미시 세계를 설명하는 양자 역학을 하나의 이론적 틀 안에 묶어 보려는 시도가 그동안 물리학자들 사이에서 경쟁적으로 이뤄져 왔으나 아직 아무도 성공을 거두지 못하고 있다.

하지만 두 이론의 통합을 방해하는 두어 개의 걸림돌이 우주의 진화 과정 어디쯤에 있는지는 정확히 알고 있다. 그중 하나가 초기 우주의 '플랑크 시기(Planck Era)'에 있다. 대폭발의 순간인 $t=0$초부터 $t=10^{-43}$초까지의 시간, 그러니까 우주가 $10^{-35}$미터로 성장하기 직전까지의 시기가 첫 번째 걸림돌이다. 사람들은 이 상상을 초월할 정도로 짧은 시간과 거리에다, 1900년 에너지가 양자화된다는 아이디어를 처음 도입한, 독일 물리학자 막스 플랑크의 이름을 붙여 각각 '플랑크 시간'과 '플랑크 거리'라고 부른다. 막스 플랑크는 물리학에서 양자 역학의 아버지라고 추앙받는 인물이다.

우주의 현 상황에서는 중력 이론과 양자 역학의 충돌이 실질적으로 큰 문제가 되지는 않는다. 천체 물리학자들이 일반 상대성 이론과 양자 역학의 신조와 이론적 도구를 성격이 근본적으로 다른 문제들에 따로따로 적용해 사용하기 때문이다. 그러나 우주가 탄생한 지 얼마 안 된 초기, 즉 플랑크 시기에는, 중력이 지배하는 거시 세계 역시 현재의 미시 세계와 마찬가지로 아주 작았으므로, 그 세계는 일반 상대성 이론과 양자 역학을 통합한 어떤 이론으로만 설명할 수 있는 세계였을 것이다. 따라서 자연은 중력 이론과 양자 역학을 결혼시키는 모종의 비책을 틀림없이 갖고 있을 것이다. 하지만 애석하게도 태초의 결혼식에서 그 둘이 은밀히 나누었던 서약들을 우리는 정확히 알지 못한다. 그래서 우리는 플랑크 시기에 우주가 보였던 행동거지를 우리가 알고 있는 그 어떤 물리 법칙으로도 아직 자신 있게 기술하지 못하고 있다.

하지만 우리는 플랑크 시기가 끝날 즈음 중력이 자연을 지배하는 나머지 세 가지 기본 힘으로부터 꿈틀거리며 떨어져 나와, 오늘날 중력 이론이 기술하는 바와 같은, 하나의 어엿한 기본 힘으로 독립했다고 짐작한다. 우주가 나이 $10^{-35}$초가 될 때까지 계속 팽창하면서 잔뜩 농축돼 있었던 모든 종류의 에너지 밀도 역시 따라서 낮아졌다. 그러면서 그때까지 하나로 뭉쳐 있던 자연의 기본 힘이 '전자기약력'과 '강한 핵력(강력)'으로 분리되었다. 좀 더 시간이 지나자 전자기약력은 '전자기력'과 '약한 핵력(약력)'으로 쪼개졌고, 오늘날 우리

　　　　1 인류 역사상 가장 위대한 이야기

가 잘 아는 자연의 네 가지 기본 힘이 각각 자리를 잡았다. 약한 핵력이 원소의 방사성 붕괴를 제어하고, 강한 핵력은 원자핵을 묶어 두는 역할을 하고, 전자기력은 분자 결합의 소임을 맡으며, 중력은 거대한 질량의 물질을 하나의 덩어리로 뭉치게 한다.

✳

우주의 나이가 $10^{-12}$초에 이르다.

✳

플랑크 시기부터 이 시점에 이르는 동안 각종 아원자 입자로 존재하던 물질과 빛 에너지를 지닌 광자(光子) 들이 끊임없이 상호 작용을 해 왔다. (광자란 빛 에너지를 실어 나르는 질량이 없는 입자다. 빛은 입자이면서 동시에 파동이다. 파동일 때에는 광파라고 부른다.) 당시 우주는 극심한 고온의 상태여서 광자는 자신이 지닌 높은 에너지를 순간적으로 물질-반물질의 입자 쌍으로 변환한다. 이렇게 생긴 입자-반입자 쌍은 서로 소멸하면서 자신들이 갖고 있던 에너지를 다시 광자의 형태로 내놓는다. 그렇다. 반물질은 상상의 산물이 아니다. 반물질은 과학자들이 실제로 발견한 것이지 SF 작가들의 발명품이 결코 아니다. 이 기괴한 변태(變態) 현상은 아인슈타인의 유명한 에너지-질량 등가식, $E=mc^2$

으로 깨끗하게 기술된다. 여기서 $E, m, c$는 각각 에너지, 질량, 광속을 의미한다. 우리는 이 에너지-질량 등가식으로부터, 주어진 질량 $m$의 물질이 얼마만큼의 에너지로 바뀔 수 있으며, 또 에너지 $E$는 얼마만한 질량의 물질과 대등한지 알아낼 수 있다. 에너지-질량 등가 공식이 쌍방 통행의 처방전으로 기능한다. 광속을 제곱한 $c^2$이 엄청난 크기라는 사실을 일단 기억해 둘 필요가 있다.

강한 핵력이 전자기약력과 결별하던 당시와 이를 전후로 한 시기에 우주는, 쿼크(quark)와 각종 렙톤(lepton, 경입자), 그리고 이들의 반입자 형제들, 여기에 더해서 이들이 상호 작용할 수 있도록 다리를 놓아 주는 보손(boson) 등의 입자들로 구성된 펄펄 끓는 죽 같은 상태였다. 이 다양한 입자 가족들 중 그 어느 것에 속한 입자라도 더 하위 단위의, 즉 더 기본적인 입자로 쪼개질 수 없다. 한 가지 이름의 기본 입자라도 몇 가지 다른 종으로 나타나기는 한다. 우리에게 익숙한 광자는 보손 가족의 구성원이다. 물리학자가 아닌 일반인에게 가장 친근한 렙톤이 전자와 어쩌면 중성미자(nutrino, 뉴트리노)쯤이 될 것이다. 이름이 널리 알려진 입자인 쿼크가 있기는 하지만 대중에게는 그리 친숙한 존재가 아니다. 쿼크에게는 업(up, 위)과 다운(down, 아래), 스트레인지(strange, 야릇)와 참(charm, 맵시), 톱(top, 꼭대기)과 보텀(bottom, 바닥) 같은 여섯 식구가 있다. 이런 식의 이름에는 그 어떤 교육적, 철학적, 언어학적 의미가 있는 건 물론 아니다. 그저 각기 다른 입자들을 구별하기 위한 방편일 뿐이다.

그나마 의미를 찾아볼 수 있는 이름도 있다. 예를 들어 보손은, 인도 출신 과학자 사티엔드라나트 보스의 이름을 따서 붙여진 것이다. 렙톤은 '가벼운', '작은' 같은 의미를 갖는 그리스 말 렙토스(*leptos*)에서 왔다. 하지만 쿼크는 렙톤보다 훨씬 더 깊은 수준의 문학적 상상력에서 태어난 이름이다. 1964년 미국의 물리학자 머리 겔만이 중성자와 양성자를 구성하는 기본 입자가 존재한다고 발표한다. 그리고 그 기본 입자를 '쿼크'라고 불렀다. 당시에 겔만은 쿼크 입자 가족이 세 종류의 입자 식구로 이뤄져 있다고 생각하면서, 난해하기로 이름난 아일랜드 더블린 출신의 소설가 제임스 조이스의 『피네건의 경야(*Finnegans Wake*)』에 나오는 구절 "머스터 마크를 위한 세 개의 쿼크!(Three Quarks for Muster Mark!)"에서 따와서 그 기본 입자들의 이름을 지었다. 그 유래야 어떻든 쿼크라는 이름이 갖는 장점이 있다. 우선 무척 간단하다. 조이스의 조어에서는 화학자, 생물학자, 특히 지질학자 들이 지어 내놓는 이름들이 감히 범접할 수 없을 정도의 단순함이 묻어난다.

쿼크는 기벽의 소유자다. 전하가 +1인 양성자나 −1인 전자와 달리 쿼크는 전하를 3분의 1의 배수로 갖는다. 여기에 한술 더 떠서 쿼크는 한 개씩 따로 잡아낼 수 없다. 두 개 또는 그 이상의 쿼크를 하나로 엮어 묶는 힘이, 그 구성 쿼크들을 서로 떼어 내려고 하면 할수록 더 강해지기 때문이다. 모종의 아원자적 고무줄에 묶여 있듯이 말이다. 고무줄은 너무 길게 당기면 찰싹 소리를 내며 끊어진다. 쿼크의 경우, '고무줄'을 힘을 줘서 무리하게 당기면 끊어지면서 그 '고무줄'의 탄성 에너지에 해당하는 쿼크가 $E=mc^2$의 처방에 따라 '고무줄' 양쪽 끝에 하나씩 다시 생긴다. 떼어 내려고 했던 쿼크의 원래 상태로 돌아가는 것이다.

쿼크와 렙톤이 우주에 그득하던 시기에는 우주의 밀도가 충분히 높아서 서로 떨어져 있는 쿼크들의 평균 거리와 붙어 있는 쿼크들의 평균 거리가 얼추 같았다. 즉 어느 쿼크가 서로 인접해 짝을 이루는 쿼크인지 확실하게 구별되지 않았다. 어느 쿼크가 어느 쿼크와 연계 상태를 이뤄 움직이는지 딱 부러지게 이야기할 수 없었다는 말이다. 이런 엉성한 결합 상태에서 쿼크들은 서로의 상태 사이를 자유롭게 움직였다. 개별 연계는 불확실하지만 총체적으로는 하나의 체계적인 흐름을 이루며 운동했다. 이 상태는 '쿼크의 가마솥'이라고 불러도 좋을 듯싶다. 우주 물질의 이러한 상태가 미국 뉴욕 주 롱아일랜드 소재 브룩헤이븐 국립 연구소의 한 물리학자 팀에 의해서 학계에 처음 보고된 게 2002년이었다.

우주 진화의 아주 초기, 아마도 기본 힘 중 하나가 분리될 즈음, 하나의 삽화적 사건이 있었다. 이 사건을 통해 물질-반물질의 대칭이 깨져 물질 우세의 우주가 태동하게 된다. 물질을 이루는 입자와 반물질을 이루는 반입자가 쌍소멸 과정을 통해 에너지로 바뀌어 사라지면서 아주 근소한 차이이지만 물질 입자가 조금 살아남았던 것이다. 반물질 입자 10억 개에 물질 입자는 이보다 겨우 하나가 더 많은 $10^9 + 1$개였다. 이 주장을 뒷받침하는 강력한 이론적 증거가 있다. 연속적으로 입자들이 창조되고 소멸되며 쿼크와 반쿼크, 전자와 반전자, 즉 양전자(positron), 또 중성미자와 반중성미자 등이 재창조되는 와중에 물질-반물질의 저렇게 미소한 차이를 누가 알아챌 수 있었겠는가. 어떤 물질 입자든 자신의 반입자를 만나 소멸될 확률이 충분했을 것이다.

하지만 이 상태가 오래 지속되지는 않았다. 우주 팽창과 더불어 우주의 온도가 내려갔기 때문이다. 우주가 지금의 태양계보다 조금 커졌을 즈음 우주의 온도는 절대 온도로 1조 도, 즉 $10^{12}$켈빈(K) 이하로 급격하게 식었다.

＊

우주의 나이가 $10^{-6}$초가 되다.

＊

우주가 팽창함에 따라 우주의 온도는 '미지근'한 수준이 됐고 우주의 밀도는 밀도대로 상당히 엷어졌다. 이러한 우주는 더 이상 쿼크를 새로 만들어 낼 만한 여건이 아니었다. 그래서 쿼크들은 결국 각자의 댄스 파트너를 단단히 부여잡고 하드론(hadron, 강입자)이라 불리는 새로운 입자 가족을 만들어 낸다.* 쿼크들이 모여 하드론으로 변함에 따라 양성자, 중성자, 그리고 우리에게 이보다는 덜 친숙한 이름의 각종 무거운 입자들이 나타났다. 하드론 가족의 구성원들은 쿼크 입자의 저마다 다른 조합으로 만들어진다. 스위스 소재의 CERN**에서는 당시의 우주 상황을 재현할 목적으로 거대한 입자 가속기를 사용해 하드론 빔의 충돌 실험을 수행한다. 실험 장치로서는 세계에서 가장 큰 이 가속기를 우리는 '대형 하드론 충돌기(Large Hadron Collider, LHC)'라 부른다. 위상과 역할에 딱 들어맞는 이름이다.

쿼크 – 렙톤 수프에 살짝 '주름살'을 짓게 하던 물질 – 반물질의 미소한 밀도 비대칭이 하드론의 세계로 넘어가면서 기상천외한 결과를 가져온다.

우주가 계속 식어 감에 따라 기본 입자들의 창생을 가능케 하던 에너지 역시 바닥이 드러나기 시작한다. 하드론 시기로 들어오자 우주를 채우고 있던 광자들의 에너지가, $E=mc^2$ 처방에 따른 쿼크 – 반쿼크 쌍생성을 격발할 수준에 채 이르지 못하게 된다. 그나마 남아

* 하드론은 '두껍다, 두텁다, 뚱뚱하다.'는 뜻의 그리스 말 하드로스(*hadros*)에서 온 이름이다. — 옮긴이

** 이 연구소의 공식 명칭은 유럽 원자핵 공동 연구 기구(European Organization for Nuclear Research)이지만 CERN이란 두문자 조합 이름으로 더 잘 알려져 있다. 이 두문자 조합은 이 기구의 전신인 핵 연구를 위한 유럽 평의회(Conseil Européen pour la Recherche Nucléaire)에서 딴 것이다.

있던 쌍소멸에서 비롯한 에너지는 그 상당 부분이 우주 팽창에 쓰이고 하드론 - 반하드론 쌍생성의 문턱값 밑으로 떨어진다. 10억 번의 쌍소멸이 일어날 때마다 — 10억 개의 광자가 방출되고 — 단 1개의 하드론만 남는다. 이렇게 살아남은 외톨이 하드론 입자들이 이후에 전개되는 우주 진화의 온갖 기쁨을 독식한다. 은하, 별, 행성, 어디 그뿐인가 페튜니아 꽃에 이르기까지 오늘날 우리가 보는 물질 세계 삼라만상의 원천 재료가 외톨이 하드론 입자들에 의해서 마련됐다.

일찍이 우주에 물질과 반물질 사이에 $10^9 + 1$ 대 $10^9$의 불균형이 없었다면, 태초의 우주를 구성하던 물질은 자체 소멸의 과정을 거쳐 전부 사라지고 오늘의 우주는 광자만 존재하는 아주 멋대가리 없는 세상이 됐을 것이다. 궁극적으로 '빛만 있으라.' 하는 상황이 될 뻔했다.

✻

이제 우주의 나이가 1초가 된다.

✻

우주의 나이가 1초쯤 됐을 때 우주는 수 광년*의 크기로 팽창한 상태

---

*  빛이 1년간(지구 시간) 이동한 거리를 1광년이라 한다. 10조 킬로미터에 해당한다.

였다. 태양에서 가장 가까운 별까지의 거리와 얼추 같은 규모다. 이 때 우주의 온도가 $10^9$켈빈쯤 된다. 꽤나 뜨거운 상태여서 우주 여기 저기에서 전자와 양전자 쌍이 만들어지고 사라지기를 반복한다. 하 지만 우주 팽창과 더불어 우주는 계속 냉각되게 마련이므로 이러한 시기는 그리 오래 지속되지 못했다. 겨우 수 초에 불과했다. 쿼크들 이 경험했던 운명을 하드론들도 같이 겪었듯이, 전자들 역시 10억분 의 1밖에 안 되는 물질 - 반물질의 비대칭에서 말미암았다. $10^9 + 1$개 의 전자가 10억 개는 양전자와 만나 광자의 바다 속으로 소멸되었고 겨우 전자 1개가 살아남았다.

바로 이즈음 양성자 하나에 전자 하나가 대응하는 식의 비율로 구성비가 굳어진다. 팽창과 더불어 우주 온도가 $10^8$켈빈 이하로 떨 어지면서 양성자와 양성자, 또는 양성자와 중성자가 결합해 원자핵 들이 만들어진다. 이렇게 태어난 원자핵들의 90퍼센트는 수소가 되 고, 나머지 10퍼센트는 거의 다 헬륨이 되었으며, 그 나머지는 극소 량의 중수소, 삼중수소, 리튬이 되었다.*

＊

이 와중에 우주의 나이가 2분이 된다.

* 여기서 백분율은 질량이 아니라 개수로 따진 값이다. ― 옮긴이

＊

그 후 38만 년의 세월이 지나는 동안 우리의 입자 수프에는 별다른 상황 전개가 없었다. 그러니까 1,000년이 380번이나 지나는 긴 세월 동안 우주는 그나마 충분히 뜨거운 상태여서 전자들이 광자들 사이를 헤집고 다니면서 전자와 광자의 진행 방향을 서로 이리저리 바뀌게 한다. 즉 전자-광자의 산란이 일어난다.

그러다가 전자들이 그동안 누려 오던 자유는 어느 날 갑작스레 끝난다. 우주의 온도가 3,000켈빈(태양 표면이 6,000켈빈이다.) 이하로 떨어지자 자유 전자들이 모두 원자핵과 결합했기 때문이다. 전자와 원자핵의 결합으로 우주에는 가시광의 바다가 형성되었고, 그 순간의 물질 분포상이 영원히 남을 기록처럼 하늘에 새겨졌으며, 각종 입자와 원자 들의 형성이 원시 우주에서 얼추 마무리되었다.

＊

우주 창생(創生) 후 첫 10억 년 동안 우주가 전반적으로 팽창하며 식어 감에 따라 중력이 물질을 국부적으로 끌어당겨 오늘날 우리가 은하라고 부르는 덩어리를 만들어 갔다. 이 과정에서 거의 1000억 개에 이르는 은하가 형성된다. 또 은하마다 평균 1000억 개의 별들을 잉태하고 이 별들 하나하나의 내부에서 핵융합 반응이 일어났다. 태양 질량의 10배 이상 되는 별은 중심핵 부분이 충분히 뜨거워서 일생 동안 10여 종 이상의 중원소를 합성할 수 있다. 이중에 행성의 형성, 생명의 출현과 번식에 필요한 중원소가 다 포함돼 있다.

핵융합 반응으로 합성된 각종 중원소가 자신들이 만들어진 별의 중심핵에 그대로 묶여 있었다면 그들은 무용지물이 되고 말았을 것이다. 그러나 다행인 것은, 질량이 큰 별들은 진화의 마지막 단계를 거대한 폭발로 마무리한다는 사실이다. 은하는 별의 진화와 폭발을 통해 화학 조성 면에서 한껏 풍요로워진다. 온갖 중원소가 은하 내부에 더해지기 때문이다. 그리고 그렇게 중원소가 첨가된 기체에서 새로 태어난 별들의 중심부에서 또다시 핵합성이 이뤄지고 그 결과물이 다시 폭발을 통해 은하 전역에 흩뿌려진다. 이런 식으로 중원소가 첨가되길 90억 년, 드디어 우주 한구석에서 우리의 태양이 태어난다. 태양은 따지고 보면 그저 그런 별이다. 태어난 장소가 특별한 곳도 아니다. 우주의 한구석, 그 누구도 큰 관심을 두지 않을 처녀자리 초은하단의 변방에 자리한, 보잘것없이 평범한 나선 은하 중 하나인 우리 은하의 나선 팔 한 자락, 그 끄트머리가 우리 태양이 태어난 장소다.

기체 구름 덩어리가 응축해 중앙에 태양이 만들어졌다. 이 기체 구름은 충분한 양의 중원소를 갖고 있어서 현재 태양 주위를 공전하는 지구형 고체 행성과 목성형 기체 행성이 태동하는 데 필요한 중원소 성분을 고루 다 갖추고 있었다. 10개가 채 못 되는 행성들뿐 아니

1 인류 역사상 가장 위대한 이야기

라, 수십만 개의 소행성과 수천억 개에 이르는 혜성의 핵 등이 다 이 구름 물질을 원료로 해 만들어진 것이다. 태양계 초기 수억 년 동안, 태양을 비롯한 원시 행성체를 만드는 데 쓰이고 남은 상당량의 찌꺼기 중 일부는 원시 행성체들의 잘 정돈된 궤도에서 벗어나 마구잡이 운동을 하게 된다. 이들이 이미 만들어진 원시 행성체와 고속으로 충돌하면서 그 표면에 내려앉아 기존 행성체의 질량을 점진적으로 키워 간다. 이 과정에서 엄청난 양의 열에너지가 발생하고 그 열이 암석형 고체 행성체의 표면을 용융 상태로 몰아 간다. 그러니까 당시 고체 행성의 표면은 생명으로 이어질 복잡한 구조의 분자들이 만들어질 상황이 전혀 아니었다.

충돌해 들러붙을 여건에 있던 잔여 물질이 점점 사라지면서 원시 행성체의 표면도 점차 식어 갔다. 태양을 중심으로 한 '골디락스 영역(Goldilocks zone)'이라고 불리는 곳에 지구라는 이름의 행성 하나가 자리를 잡는다. 골디락스 영역이란, 태양으로부터 적당히 멀어서 물이 액체 상태로 존재할 여건의 영역을 일컫는다. 만약 지구가 골디락스 영역보다 태양에 더 가까운 안쪽에서 태어났다면 바닷물은 모두 다 증발했을 것이다. 태양계의 더 먼 바깥쪽에서였다면 얼음의 바다를 상정할 수밖에 없다. 가까웠든 멀었든 간에 우리가 현재 알고 있는 생명체는, 지구에서 진화는 물론이고 어쩌면 탄생조차 못 했을 것이다.

화학적으로 다양한 성분의 원자와 분자를 포함한 바닷물에서,

아직 그 구체적 메커니즘이 알려지지는 않았지만, 모종의 유기 분자들이 자기 복제가 가능한 생명으로 변환할 수 있었을 것이다. 이 원시 수프는 아주 단순한 혐기성(嫌氣性) 박테리아(세균)가 주성분이었다. 혐기성 박테리아는 이름 그대로 산소가 없는 환경에서 번식하면서 화학적으로 강력한 반응을 보이는 산소를 부산물의 하나로 배출했다. 지구 역사 초기에 번성하던 단세포 미생물이, 이산화탄소 성분의 지구 대기를 호기성(好氣性) 미생물이 출현할 수 있을 정도로 산소가 충분한 대기로 바꿔 놓았다. 혐기성 미생물의 자해 행위였던 셈이다. 자신들은 사라지고 호기성 미생물이 대륙과 대양을 지배하게 됐으니 말이다. 혐기성 미생물이 배출한 산소 원자 O는 대개의 경우 두 개씩 짝을 지어 산소 분자 $O_2$로 존재한다. 고층 대기에서는 산소 원자 셋이 결합해 오존 분자 $O_3$를 형성한다. 그런데 이 오존이 지구 표면을 보호하는 방패 역할을 한다. 대부분의 분자들은 자외선 광자를 받으면 해리되게 마련인데, 지구 대기의 오존층이 태양의 자외선 복사를 흡수해 자신은 해리되면서 대신 자외선이 지표까지 도달하지 못하게 한다.

지구 생명의 놀라운 다양성은 탄소의 화학적 특성에 힘입은 바 크다. 탄소는 우선 우주 도처에 충분한 양이 존재하며, 간단한 분자, 복잡한 분자 가리지 않은 채 헤아릴 수 없이 많은 종류의 탄소를 포함한 분자로 존재한다. 탄소를 중심으로 하는 분자의 종류가, 다른 그 어느 분자의 종류들을 다 합친 것보다 월등히 많다.

하지만 생명은 연약한 존재다. 태양계 형성 초기에는 자신의 궤도를 벗어난 혜성이나 소행성이 지구와 빈번하게 충돌했다. 간헐적이긴 했지만 충돌이 있을 때마다 지구 생태계에는 엄청난 파탄이 일어났다. 지금으로부터 6500만 년 전 어느 날 10조 톤에 이르는 거대한 질량의 소행성이 지금의 아메리카 대륙 유카탄 반도에 떨어진다. 지구 나이 46억 년의 2퍼센트도 안 되는 극히 최근에 일어난 사건이다. 당시 지구 동식물상의 70퍼센트 이상이 이때 절멸했다. 거대한 몸집의 공룡이라고 예외는 아니었다. 오히려 더 불행한 최후를 맞아야 했다. 소행성과의 충돌이 지구 생태계에 대멸종을 불러온 것이다. 이 대재앙의 결과로 새로이 생긴 다양한 생태적 지위들을 우리의 조상 포유류 동물들이 손쉽게 차지할 수 있었다. 소행성 충돌로 인한 공룡 멸종 사건이 없었다면 포유류의 조상은 티렉스(*T. rex.*)*의 요깃거리가 되는 수밖에 없었을 것이다. 오늘날 유인원으로 총칭되는 두뇌가 큰 포유류 동물 중 하나가 호모 속 사피엔스 종으로 진화한다. 충분한 지능을 갖추게 된 호모 사피엔스(*Homo sapiens*)는 과학을 할 수 있는 실험 도구와 이론적 방법을 발명한다. 그리하여 우주의 기원과 진화를 추론하기에 이른다.

---

\*  *Tyrannosaurus rex*. 티라노사우루스 속(屬)의 렉스 종(種) 공룡을 의미한다. 영화 「쥐라기 공원」에 등장하는 공룡으로 유명하다. ─ 옮긴이

＊

이 모든 사건들 이전에 무슨 일이 있었나? 우주 시작 이전에 과연 어떤 일이 있었을까?

천체 물리학자들도 이 질문에는 답을 하지 못한다. 아니, 사실은 우리가 내세울 수 있는 가장 창조적인 아이디어들을 총동원한다고 하더라도 대폭발 이전에 관해서는 실험 과학으로 입증할 만한 근거를 단 하나도 찾아볼 수 없다. 과학 쪽 상황이 이러하니 종교 쪽에서 일말의 도덕적, 윤리적 근거를 바탕으로, 뭔가 특별한 존재가 이모든 것을 추동한 근본 요인이라고 주장한다. 그 뭔가가 바로 이 모든 것을 비롯하게 한 전능한 존재라는 것이다. 그 존재가 궁극의 동인(動因)이라 하겠다. 이런 주장을 하는 이들의 마음에는 물론 신(神)이 자리한다.

하지만 만약 우주가 '늘 그렇게' 있어 왔다면 문제는 달라진다. 예를 들어, 다중 우주(multiverse)가 정말로 존재해, 우리가 그 상태와 조건을 아직 구체적으로 알지는 못하지만, 우주가 어떤 형태로든 항상 존재해 왔다면 어떻게 할 것인가? 아니면, 우주가 계속해서 태어난다면 어떻게 할 것인가? 또는 우주가 아무것도 없던 무(無)의 상태에서 '뿅' 하고 튀어나온 건 아닐까? 또 이런 엉뚱한 생각도 가능하다. 오늘날 우리가 안다고 생각하며 좋다고 하는 것들이 모두 다 어떤 초능력을 가진 지적 존재가 그저 심심풀이로 컴퓨터에서 모의 실험을 한 결과라고 한다면 어떻게 할 것인가?

이런 철학적 생각은 그 자체로서 흥미로운 아이디어임에 틀림이 없지만 그 누구에게도 만족스런 답을 주지는 못한다. 그럼에도 이런 생각을 통해서 우리는 무지(無知)에 대한 인지(認知)가 연구자가 가질 수 있는 가장 자연스런 마음의 상태라는 점을 깨닫게 된다. 모르는 게 아무것도 없다고 믿는 사람들이라면 우주의 미지(未知)와 기지(旣知)의 경계를 찾아보려고 하지도 않을 것이며, 어쩌다 그 경계에 걸려 넘어지는 일도 없을 것이다.

우리가 주저없이 주장할 수 있는 것은, 우주에 시작이 있었으며 우주가 진화를 계속한다는 사실이다. 따지고 보면 우리 몸을 구성하는 원자 알갱이 하나하나의 기원을 140억 년 전에 있었던 대폭발의 순간에서부터 50억 년 이전에 폭발한 질량이 큰 하나의 별 내부에서 일어났던 열핵 융합 반응으로까지 추적해 갈 수 있다.

그런 의미에서 우리 인간은 별에서 떨어져 나온 먼지에서 비롯한 생명이라 해도 과언이 아니다. 이 보잘것없는 존재가 이제 우주가 준 능력을 바탕으로 우주 자체의 시작과 진화를 캐물을 수 있게 됐다. 누가 뭐라 해도 이건 그저 시작일 뿐이다. 상상을 초월할 그 어떤 사건과 진화가 우주사와 인류사에서 앞으로 또 어떻게 전개될지 모르니까 하는 말이다.

# 2
# 하늘에서와 같이 땅에서도

✱

✱

✱

아이작 뉴턴 경이 만유인력의 법칙을 단 한 줄의 수식으로 기술하기까지 그 누구도 지구에서 성립하는 물리 법칙들이 지구 바깥 우주에서도 그대로 성립한다고 주장할 만한 근거나 증거를 제시할 수 없었다. 지구에서는 지상 세계에 맞갖은 현상들이 일어나고, 하늘은 하늘대로 천상의 일이 벌어지는 곳으로 여겨졌을 뿐이다. 당시 기독교의 가르침에 따를 것 같으면, 신이 천상의 모든 일들을 관장하는데 그 구체적 내용은 유한한 수명을 가진 인간들에게는 알려질 수 없다고 했다. 뉴턴이 물체의 모든 운동을 이해하고 예측할 수 있음을 보여 주자 당대의 신학자들 중에는 창조주의 역할 공간을 없애 버렸다고 뉴턴을 비판하는 이들이 적지 않았다. 뉴턴은, 잘 익은 사과를 떨어지게 하는 중력이, 지표에서 하늘로 휙 던져진 물체로 하여금 곡선 궤도를 그리며 다시 땅에 떨어지게 할 뿐 아니라, 지구 주위를 도는 달의 궤도 역시 바로 그 중력에 의해 결정된다고 생각했다. 뉴턴의 중력 법칙으로 행성, 소행성, 혜성 들의 태양 주위 궤도 운동을 다 설명할 수 있었다. 그뿐이 아니었다. 알고 보니, 우리 은하의 수천억 별들 역시 뉴턴의 중력 법칙에 따라 나름의 궤도 운동을 하고 있었다.

물리 법칙의 보편성이야말로 과학적 발견을 추동하는 결정적 동력이다. 뉴턴의 중력 이론을 통해 물리 법칙의 범우주적 보편성이 만천하에 드러나기 시작했다. 19세기 천문학자들이 실험실에서 태양의 백색광을 프리즘에 통과시켰을 때 나타난 색깔을 달리하는 빛의 띠, 즉 스펙트럼을 보고 처음에 얼마나 놀랐을까 한번 상상해 보라. 스펙트럼은 그 자체만으로도 충분히 아름답고 환상적이다. 하지만 더 중요한 것은, 스펙트럼에 그 빛을 방출한 광원의 온도나 성분과 같은 매우 중요한 물리 · 화학적 정보가 듬뿍 들어 있다는 사실이다. 스펙트럼을 가로질러 전 파장 대역에 나타나는 특정한 패턴의 밝고 어두운 선들의 배열이 해당 광원의 성분이 무엇인지를 구체적으로 알려 준다. 원소마다 고유한 배열의 스펙트럼선들을 내보이기 때문이다. 더욱 놀라운 것은, 태양빛으로부터 알아낸 태양의 성분 원소를 지상 실험실에서도 찾아볼 수 있다는 사실이다. 이제 프리즘은 화학자들만의 실험 도구가 아니다. 스펙트럼을 만들어 주는 프리즘이, 크기, 질량, 온도, 위치, 겉모양 등에서 태양과 지구만큼이나 근본적으로 다른 두 천체가 동일한 원소들로 구성돼 있음을 입증해 줬던 것이다. 수소, 탄소, 산소, 질소, 칼슘, 철 등등이 지구에서와 같이 태양에도 존재한다. 어느 어느 성분이 태양과 지구에 공통으로 존재하느냐보다 더욱 중요한 점은, 스펙트럼 상에 이 각종 원소들의 존재를 알리는 흡수선이나 방출선이 만들어지는 과정이 태양에서나 거기에서 1억 5000만 킬로미터나 떨어진 지구에서나 완전히 동일하다는 사실이다. 지구에서 발견된 물리 법칙이 태양에서도 그대로 성립한다니 얼마나 놀라운 신비인가.

자연 법칙의 범우주적 보편성이 우리로 하여금 대단히 풍성한 과학적 열매를 수확할 수 있게 해 줬다. 예를 들자면, 지구에서 알아낸 것을 태양으로 확장 적용해서 새로운 것을 알아냈을 뿐 아니라 반대로 태양에서 밝혀진 사실에서 지구의 속성을 알아내기도 했다. 태양의 스펙트럼을 자세히 분석한 결과 그때까지 지구에서는 그 존재가 알려지지 않았던 원소가 발견됐다. 태양과 관련된 원소이므로 그리스 말로 태양을 뜻하는 헬리오스(Helios)를 따서 헬륨이라는 이름을 붙였다. 그리고 얼마 지나지 않아 지구 실험실에서도 동일한 원소가 발견된다. 화학자들이 사용하는 주기율표에 실린 각종 원소 중 지구 아닌 다른 천체에서 먼저 발견된 것은 헬륨이 유일하다.

지구 상에서 알려진 물리 법칙이 태양계 안에서 성립하는 건 확실하다고 치자. 그렇다면 은하에서는 또 어떠한가? 한 걸음 더 나아가 우주 전역에서도 지구에서 발견된 물리 법칙이 그대로 성립한단 말인가? 공간뿐 아니라 시간적으로도 자연 법칙의 범우주적 보편성을 믿어도 좋을까? 우리는 태양에서 멀리 떨어져 있는 천체들을 살펴보면서 그 천체들에서도 지구에서 발견된 자연 법칙이 모두 성립

2 하늘에서와 같이 땅에서도

하는지를 체계적으로 조사하기에 이르렀다. 태양에 비교적 가까이 있는 별들에서도 태양을 구성하는 원소들이 발견됐다. 태양에서 멀리 떨어져 있는 쌍성계도 뉴턴의 만유인력 법칙을 잘 알고 있다는 듯 궤도 운동을 한다. 공통의 궤도에 묶여 서로 맞물려 돌아가는 두 별이 이루는 계를 우리는 쌍성계라 부른다. 쌍을 이루고 서로 마주보며 돌고 있는 은하들에서도 뉴턴의 법칙은 어김없이 성립한다.

지질학자들은 퇴적층에서 아주 오래된 과거를 읽어 낸다. 천문학자들은 멀리 있는 천체의 오늘 모습에서 해당 천체의 먼 과거 상태를 알아본다. 아주 멀리 떨어져 있는 천체들의 스펙트럼에서도 지구에서 발견되는 원소가 내놓는 스펙트럼선이 똑같이 나타난다. 그러므로 공간뿐 아니라 시간적으로도 자연 법칙의 범우주적 보편성이 성립하는 것이다. 물론 멀리 있는 천체, 그러니까 아주 오래전에 태어난 천체일수록 중원소를 덜 갖고 있다. 오늘 우리의 관측에 걸리는 중원소는, 아주 멀리 있는 바로 그 천체가 태어난 이후 여러 세대에 걸쳐 별들이 폭발했다 부활하는 과정에서 공간에 흩뿌린 것이기 때문이다. 그렇지만 원자나 분자의 스펙트럼에 흡수선이나 방출선이 만들어지는 과정은 근거리 천체나 원거리 천체, 즉 최근에 태어난 천체와 오래전에 태어난 천체 가리지 않고 동일하다. 특히 모든 원소의 기본 지문을 조정하는 미세 구조 상수(fine structure constant)라 불리는 물리 상수가 수십억 년 동안 동일한 값을 유지해 왔다.

우주에서 볼 수 있는 사물과 현상 들이 전부 지구에서 찾아볼 수 있는 것은 물론 아니다. 예를 들어 여러분은 수백만 도에 이를 정도로 뜨거운 플라스마의 기체 구름 속을 걸어 본 적이 없을 것이다. 단언컨대 여러분은 길거리를 거닐다가 블랙홀을 만난 적도 없을 것이다. 정말 중요한 사실은, 이러한 사물과 현상을 지배하는 물리 법칙이 범우주적으로 성립한다는 점이다.

고온의 전리된 물질로 이뤄진 성간운에서 방출된 빛을 프리즘을 통과시켜 분석한 결과, 지구에서는 찾아볼 수 없었던 스펙트럼선이 나타났다. 당시의 원소 주기율표에는 이 선들에 맞갖은 원소를 집어넣을 마땅한 칸이 남아 있지 않았다. 그래서 천체 물리학자들은 '네뷸륨'이란 이름의 새로운 원소를 상정하고, 문제가 해결돼 빈칸이 마련될 때까지 그냥 두고 보기로 했다. 성간운을 뜻하는 nebula를 따 이름을 붙이고 그 선의 정체가 밝혀지기를 기다리기로 한 것이다. 그런데 나중에 밝혀진 '네뷸륨'의 정체는 이러하다. 우주 공간에 존재하는 성간운은 내부 밀도가 너무 희박하기 때문에 그 안에 있는 기체 원자 하나가 다른 원자와 충돌하는 데 걸리는 시간이 엄청 길 수밖에 없다. 이러한 상황에서는 원자 안에 들어 있는 전자들이 지상 실험실에서 관찰된 적이 없는 이상한 행동을 보인다. '네뷸륨'이라는 새로운 원소의 스펙트럼선이라고 동정(同定)됐던 선의 출현은 정상의 산소 원자가 비정상적인 행동을 보일 때 나타나는 현상이었다.

물리 법칙의 우주적 보편성이 우리에게 던지는 중요한 화두가 하나 있다. 외계인과의 소통이다. 우리가 어느 한 외계 행성에 착륙

2 하늘에서와 같이 땅에서도

해 보니까 거기 사는 외계인들이 자기들 나름의 엄청난 문명을 누리고 있었다고 하자. 그렇다면 그들도 우리 지구인이 지상에서 발견하고 시험해서 확인한 자연 법칙과 맞닥뜨렸을 것이다. 저들이 우리와는 다른 사회적, 정치적 신념에 묻혀 살고 있을지는 모를 일이지만 말이다. 이 외계의 문명인들과 대화를 나누고 싶어도, 저들이 영어, 프랑스 어, 중국어 등은 모를 게 뻔하다. 악수를 할 줄도 모르지 않을까. 저들의 몸에서 밖으로 길게 삐져나온 기관이 우리네 손의 기능을 한다고 해도, 손을 내미는 우리의 행위가 저들에게 평화의 의미로 받아들여질까, 아니면 전쟁을 하자는 뜻으로 이해될까, 도저히 알 수가 없다. 이 경우 우리가 사용할 만한 최상의 대화 수단은 과학에서 찾아야 할 것이다.

이런 시도가 처음 이뤄진 것은 1970년대에 들어와서다. 파이오니어 10, 11호와 보이저 1, 2호 모두 충분한 에너지를 가지고 지구를 출발한 다음 거대 행성들의 중력 지원을 받으면서 태양계를 완전히 빠져나갈 수 있었다.

파이오니어 우주 탐사선에 우리는 과학적으로 중요한 의미를 담은 황금 재질의 명판을 실어 보냈다. 태양계 행성들의 궤도 분포 및 우리 은하에서의 태양의 위치, 그리고 수소 원자의 구조를 나타내는 일종의 그림 문자가 그 명판에 새겨져 있었다. 보이저의 경우에는 한 걸음 더 나아가 지구에서 들을 수 있는 각종 소리를 황금 음반에다 새겨 넣어 우주로 떠나보냈다. 예를 들면, 사람의 심장 박동 소리, 고래의 '노래들', 베토벤과 척 베리 등의 음악과 세계 여러 나라에서 선별된 몇 곡의 음악이 거기 담겨 있다. 저들도 우리와 같이 귀를 갖고 있다는 전제가 깔리긴 했지만, 지구인이 보내는 이러한 메시지를 외계인이 알아들을지는 모를 일이다. 인류가 가상의 외계인에게 보낸 이 제스처를 풍자한 텔레비전 프로그램들 중에서 나는 NBC의 「새터데이 나이트 라이브(Saturday Night Live)」를 가장 좋아한다. 보이저가 착륙한 어느 행성의 외계인들이 지구로 보내온 문자 메시지에 "척 베리의 노래를 더 보내 주시오."라는 주문이 적혀 있었다. 이것이야말로 지구인이 보낸 제스처에 걸맞은 반응이 아니겠는가.

과학의 위력은, 물리 법칙의 범우주적 보편성뿐 아니라 이 법칙들에 들어가는 물리 상수들의 존재와 그 값들의 불변성에서 비롯한다. 과학자들 거의 대부분이 영문자 대문자 '$G$'로 표기하는 뉴턴의 중력 상수를 알고 있는데, 이 값이 만유인력 세기의 대종(大宗)을 결정해 주는 역할을 한다. 예를 들어, 만약 과거 $G$의 값이 현재 값보다 아주 조금만 달랐어도 태양이 방출하는 에너지의 양이 극단적으로 바뀌어, 지구에 남겨진 생물학적, 기후학적, 심지어 지질학적 기록들은 현재 우리가 알고 있는 것과는 전혀 다른 것이 되었을 것이다.

범우주적 동질성이란 이런 사실을 두고 일컫는 표현이다.

\*

모든 물리 상수 중에서 광속이 가장 유명하다. 우리가 아무리 빨리 움직인다 해도 우리는 질주하는 빛을 추월할 수 없다. 왜냐고 묻는다면 "그러니까 그렇다."라는 답밖에 당장은 내놓을 게 없다. 그 어떤 실험에서도 광속을 따라잡는 물체를 찾아볼 수 없었다. 확실하게 입증된 몇 개의 물리 법칙을 동원하면 이러한 사실을 예측하고 또 납득이 가게 설명할 수 있다. 이런 식의 설명이, 과학자들의 고집통머리 사고의 편린일 뿐이라는 오해를 불러올 수 있음을 나는 잘 안다. 과학사를 돌아보면 과학에 근거했다지만 어리석기 이를 데 없는 선언에 가까운 주장들을 종종 만나게 된다. 이러한 주장은 왕왕 발명가와 엔지니어 들의 창의성을 과소 평가하곤 한다. 예를 들면 이렇다. "비행은 절대 불가능하다." "상업적으로 수익이 나는 비행은 있을 수 없다." "원자는 더 이상 쪼개지지 않는다." "음속 돌파는 결코 이뤄질 수 없다." "달나라 여행은 불가능하다." 단순 선언에 가까운 이러한 주장들이 하나같이 잘 입증된 물리 법칙을 바탕으로 펼쳐졌다는 게 놀랍다.

그렇지만 "빛을 추월할 수 없다."라는 명제는 앞의 선언적 주장과는 근본적으로 다른 것이다. 오랜 시간을 거쳐 여러 측면에서 그 성립이 확인된 기본적인 물리 법칙들에서 자연스럽게 유도되는 결과인 것이다. 행성간 경계를 넘나들며 고속 도로를 달리는 미래의 여행자들은 다음과 같은 표지판을 보게 될 것이다.

> 빛의 전파 속도:
>
> 제한 속도를 지킨다는 것은 그저 좋은 생각이 아니라,
>
> 반드시 지켜야 하는 법이다.

지구 상 고속 도로에서는 과속을 막기 위해 경찰이 순찰을 돈다. 하지만 물리학의 기본 법칙들이 좋은 건, 이 법칙들을 준수하라고 강제할 경찰이 필요 없다는 점이다. 내가 한때 "중력의 법칙을 준수하라."는 '명령'이 적힌 티셔츠를 입고 거리를 활보한 적이 있기는 하지만 말이다. 돌이켜보면 그건 참으로 웃기는 짓이었다.

우리는 수많은 측정과 실험을 통해, 현재까지 알려진 기본 상수 모두와 이 상수들이 들어가는 물리 법칙 전체가 시간 불변일 뿐 아니라 공간 불변이라는 사실을 확인할 수 있었다. 물리학의 기본 상수들은 변하지 않는 정해진 크기의 값을 가지며 모든 기본 법칙들 역시 범우주적으로 성립한다.

＊

자연 현상 중에는 여러 물리 법칙이 동시에 작동한 결과인 경우가 허다하다. 이렇게 복잡한 현상은 분석이 쉽지 않다. 그래서 연구자들

ㄹ 하늘에서와 같이 땅에서도

은 성능이 우수한 컴퓨터를 이용해 수치 모의 실험을 해 보는 수밖에 없다. 주어진 현상의 특성을 기술하는 주요 변수가 무엇인지 먼저 정하고, 물리 법칙들의 동시 작동이 그 변량들을 어떻게 변하게 하는지 추적한다. 예를 하나 들어보자. 혜성 슈메이커-레비 9가, 거대한 기체형 행성인 목성의 짙은 대기층으로 곤두박질하면서 폭발하는 기이한 현상이 1994년 7월에 목격됐다. 혜성과 목성의 충돌 현상을 정확하게 분석하는 데 쓰였던 컴퓨터 프로그램에는 유체 역학, 열역학, 궤도 역학, 중력 방정식 등의 기본 법칙이 다 들어갔다. 하루 중 날씨 변화는 물론이고 주어진 지역의 장기간에 걸친 기후 변화 역시 매우 복잡한, 그래서 예측이 어려운 현상이다. 하지만 기상 현상을 지배하는 기본 법칙은 알려져 있다. 목성 대기에 적어도 350년 동안 건재해 온 대적반을 지배하는 물리 법칙이, 지구와 태양계 내 곳곳에서 일어나는 태풍 현상을 그대로 지배한다. 놀랍지 않은가.

　　범우주적으로 성립하는 법칙에는 각종 보존 법칙이 있다. 변하지 않은 물리량들이 있다는 말이다. 그중에 가장 중요한 세 가지 물리량이, 질량과 에너지, 선형 운동량과 회전 운동량, 그리고 전하량이다. 이 세 가지 물리량이 보존된다는 증거는 지구에 널려 있으며, 또 우리가 생각할 수 있는 여타의 지역과 분야에서도 이런 보존 법칙이 확실히 성립한다. 앞의 세 가지 물리량의 보존은 미시적으로는 입자 물리학 분야에서부터 거시적으로 우주의 거대 구조에 이르기까지 분야와 지역을 불문하고 언제나 성립한다.

이렇게 과학의 보편성이 지니는 위력을 한껏 자랑하기는 했지만 모든 게 다 천국의 상황은 아니다. 우주에서 측정 가능한 중력의 85퍼센트를 자아내는 원천은, 사람이 손으로 만질 수 있다거나, 혀로 맛을 본다든가, 눈으로 알아본다든가 할 수도 없는 암흑 물질(dark matter)이란 이름의 신비한 존재다. 암흑 물질은 가시 물질에 작용하는 중력의 효과만으로 그 존재를 가늠할 수 있다. 장차 발견될지 모르는 기묘한 입자로 암흑 물질이 구성돼 있을지는 모를 일이다. 암흑 물질의 존재 자체를 믿지 않는 천체 물리학자들도 일부 있기는 하다. 이들은 암흑 물질의 존재가 뉴턴의 중력 법칙을 수정하면 해결 가능한 문제라고 생각한다. 방정식에 몇 개의 새로운 항을 추가하는 것으로 암흑 물질의 신비로움이 제거될 수 있다는 것이다.

앞으로 뉴턴의 중력 법칙이 수정되는 날이 오더라도 큰 문제가 되지는 않을 것이다. 뉴턴의 중력 법칙은 과거에도 이미 한 차례 수정된 적이 있으니까 말이다. 1916년에 발표된 아인슈타인의 일반 상대성 이론이 어떤 의미에서는 뉴턴의 중력 이론을 수정해 놓았다. 정확하게 말하자면 질량이 극도로 큰 물체에도 성립하도록 적용 범위를 확장했다. 뉴턴의 중력 이론은, 뉴턴 자신은 모르고 있었던 훨씬 확장된 영역에서는 그 기능을 상실한다. 우리가 이 과학사적 사건에서 배울 게 있다면, 그것은 어떤 이론이든 그 이론의 적용 가능 범위와 조건에 한계가 있다는 사실이다. 적용 범위가 넓으면 넓을수록 그 이론은 우주를 기술하는 데 그만큼 막강한 힘을 발휘하는 법칙이 된다. 우리가 일상에서 만나게 되는 문제에서는 뉴턴의 법칙이 훌륭한 이론적 도구로 기능한다. 뉴턴의 중력 이론에 힘입어 우리는 달나라까지 갔다가 지구로 안전하게 귀환할 수 있었다. 1969년에 있었던 과학사의 일대 사건이다. 이것이야말로 과학 기술과 뉴턴의 위대한 승리가 아니고 또 무엇이라 하겠는가. 블랙홀과 우주 거대 구조를 이해하려면 일반 상대성 이론이 필요하다. 한편 아인슈타인의 방정식을 질량이 작고 이동 속력이 느린 경우에 적용해 보면 글자 그대로, 즉 수학적으로 뉴턴의 방정식이 나온다. 그러므로 우리는 우리가 이해했다고 주장하던 바에 대해 자신감을 가져도 좋다.

*

물리 법칙의 범우주적 보편성은 과학자들로 하여금 우주가 놀랄 만큼 단순한 곳이라는 신념을 갖게 한다. 이와 비교했을 때, 인간 본성과 관련된 분야, 즉 심리학의 영역은 우리의 기를 죽일 정도로 난해하다. 미국에서는 학교에서 가르칠 교과목을 지역 교육 위원회의 투표로 결정한다. 문화적, 정치적, 종교적 성향에 따른 일시적 기분이 투표 결과를 좌우하는 경우가 종종 있다. 전 세계 어디를 가든 다양한 신념 체계가 정치적 견해 차이를 불러온다. 그러나 그 차이가 항시 평화적 방법으로 해결되는 것은 아니다. 이에 비해서 물리학의 힘과 아름다움은, 물리 법칙들이 세계 어디에서나 성립한다는 데에서 나온다. 물리 법칙은 지역에 따라 믿음에 따라 마음대로 선택할 수 있는 것이 아니다.

다시 말하자면 물리학의 기본 법칙들 말고는 모두가 의견일 뿐이다.

그렇다고 과학자들이 논쟁을 하지 않는다는 뜻은 아니다. 과학자들도 서로 논쟁한다. 사실 심하게 '싸운다.' 그러나 과학자들 사이의 싸움은 불충분하거나 불완전한 실험 결과나 관측 결과를 어떻게 해석할 것인가를 놓고 벌이는 논쟁이다. 지식의 최전선에서 벌어지는 '피터지는' 싸움인 것이다. 이 싸움에서 물리학의 기본 법칙에 기대어 논지를 전개할 필요가 종종 있다. 하지만 논쟁은 항상 단순하고 명쾌하게 끝난다. 조금의 뒤끝도 남기지 않는다.

예를 들면 이런 식이다. "당신이 구상하는 영구 운동 기관은 결코 만들어질 수 없습니다. 왜냐하면 열역학 법칙에 위배되기 때문입니다." 아, 얼마나 명쾌한가. 잘 알려진 예를 한 가지 더 살펴보자. "타임머신은 만들어질 수 없습니다. 만약 타임머신이 만들어진다면 당신은 당신이 태어나기 전으로 돌아가 당신의 어머니를 살해할 수도 있습니다. 하지만 그것은 인과 원리를 위배하기 때문에 결코 성립될 수 없습니다." 끝으로 한 가지 더! "운동량 보존 법칙을 위배하지 않으면서 당신이 갑자기 지표에서 붕 뜰 수는 없습니다. 소위 공중부양이란 묘기는 당신이 가부좌 자세를 제대로 잡았느냐 아니냐의 문제가 아닙니다. 운동량 보존 법칙에 위배되는 일이기 때문에 공중

부양은 일어나지 않습니다."*

　　당신이 물리 법칙들을 이해하고 있다면 무뢰한과의 논쟁에서 어느 정도 자신감을 갖고 상대를 제압할 수 있다. 여러 해 전 미국 캘리포니아 주 패서디나 시에서 내가 겪었던 해프닝이 생각난다. 그날 나는 디저트 가게에서 '핫 코코아 나이트캡'을 주문했다. 물론 휘핑 크림을 올려 달라고 했다. 그런데 가져온 것에는 휘핑 크림이 보이지 않았다. 웨이터를 불러 휘핑 크림이 없다고 불평했더니, 대답이 걸작이었다. 휘핑 크림이 밑으로 가라앉았다는 것이다. 그러나 누구나 알고 있듯이 휘핑 크림은 밀도가 낮아서 사람이 마시는 모든 액체 위에 뜨게 마련이다. 그래서 나는 웨이터에게 휘핑 크림 부재에 관해 두 가지의 가능성을 얘기해 줬다. 하나는 누군가 내가 주문한 뜨거운 코코아에 휘핑 크림 올리기를 깜빡했든가, 범우주적으로 성립하는 물리학의 기본 법칙이 무슨 연유에서든 이 집에서는 성립하지 않기 때문일 것이라고 말이다. 내 설명에 설득당하지 않은 웨이터가 씩씩거리며 카운터로 가더니 휘핑 크림 한 덩어리를 들고 와서 자신의 주장을 내 앞에서 증명해 보이려 했다. 하지만 컵에 넣은 휘핑 크림 덩이가 한두 번 가라앉았다 떠오르기를 반복하더니 결국 뜨거운 코코아 위에 편안하게 자리를 잡는 게 아닌가.

---

*　뱃속에 가득 찬 기체를 한동안 지속적으로 방출할 수 있는 경우, 원칙적으로는 공중 부양이 가능하다.

물리 법칙의 범우주적 보편성을 증명하는 데 이보다 더 좋은 실험이 필요할까?

2 하늘에서와 같이 땅에서도

# 3
## 빛이 있으라

＊

＊
＊

대폭발 이후 우주의 주요 관심사는 팽창에 있었다. 팽창과 더불어 공간을 가득 채우고 있던 농축된 에너지의 밀도가 점점 희박해졌다. 시간이 지나면서 우주가 조금씩 커지고, 약간씩 식어 가며, 강렬했던 빛이 점점 흐려졌다. 이렇게 팽창이 지속되는 동안 물질과 에너지가 일종의 불투명한 수프의 형태를 이루며 혼재된 상태를 유지했다. 이 수프 안에서 자유 전자가 자신들이 만나는 광자들을 사방으로 흩어 버렸다. 그래서 광자는 전자의 방해에서 자유로울 수 없었다. 우주의 불투명은 이와 같은 상황에서 비롯했다.

38만 년 동안 우주에서 이런 상태가 지속됐다.

이 시기의 우주적 상황에서는, 광자가 전자 하나를 만났다가 다음 전자를 만나기까지 걸리는 시간이 극도로 짧을 수밖에 없다. 그만큼 밀도가 높았기 때문이다. 당시 상황에서 누가 당신에게 우주를 가로질러 멀리 좀 바라보라고 했어도 당신은 그 요구에 응할 수가 없었을 것이다. 도저히 멀리 볼 수가 없었다. 방금 당신의 코앞에서 검출된 광자라고 해도 실은 피코초 내지 나노초 전에 어떤 전자에 의해 산란된 것이다.* 그러므로 이 광자가 갖고 있는 정보는 아주 먼 곳의 것이 아니라 바로 그 자리의 것일 뿐이다. 광속이 아무리 빠르다고 하더라도 나노초 또는 피코초 동안 빛이 이동할 수 있는 거리가 얼마나 되겠는가. 빛은 우주 어디에서나 방출되고 있었겠지만 그 빛이 어느 방향으로든 멀리 통과할 수는 없었으니, 가상의 관찰자는 불투명한 안개 속에서 허우적댈 뿐이었으리라. 오늘날 태양이나 여타의 별들 내부에서도 이와 비슷한 상황이 벌어진다.

온도가 내려갈수록 입자의 움직임이 느려진다. 우주가 3,000켈빈 이하로 살짝 식어 검붉은 빛의 덩어리가 됐을 즈음 전자들은 충분히 느리게 움직이면서 주위에 있는 양성자들에게 붙잡히기 시작했다. 꼴을 제대로 갖춘 원자가 탄생한 것이다. 그때까지 전자들에 부딪히느라 꼼짝하지 못하던 광자들도 원자의 탄생과 더불어 전자의 틈바구니에서 풀려난다. 이 광자들은 중간에 멈추는 일 없이 우주를 가로질러 멀리 멀리 달려갈 수 있게 됐다.

'우주 배경 복사'는 따지고 보면 펄펄 끓던 초기 우주에서 떠돌던 강렬한 빛의 화신인 것이다. 우리는 우주 배경 복사의 스펙트럼을 보고 당시 우주의 온도를 정확하게 짚어 낼 수 있다. 파장에 따라 빛

---

* 1초의 10억분의 1이 1나노초다. 1피코초는 1조분의 1초를 의미한다.

3 빛이 있으라

의 세기가 어떻게 변하는지 조사하면 그 빛이 방출된 물체의 온도를 알아낼 수 있다. 우주가 식어 감에 따라 가시광선 대역에서 태어난 광자는 자신이 갖고 있던 에너지의 일부를 우주 팽창을 돕는 데 사용하게 된다. 결과적으로 이렇게 에너지를 잃어버리게 된 광자는 가시광 대역에서 미끄러져 나와 적외선 대역 광자로 변신한다. 3,000켈빈이던 당시의 우주를 자유롭게 움직이던 가시광 대역의 광자들도 에너지를 점점 잃어버린다. 그렇다고 해서 광자의 자격을 상실하는 것은 아니다.

스펙트럼에 들어 있는 정보를 좀 더 살펴볼 필요가 있다. 오늘날의 우주는, 광자가 전자의 속박에서 완전히 해방되던 당시 우주보다 1,000배 정도 팽창했고 그 결과 우주 배경 복사는 1,000분의 1로 식었다. 그러므로 광자와 전자의 산란이 더 이상 일어나지 않게 되던 당시에 가시광 대역에 머물던 광자들이, 그 하나하나의 에너지가 그때의 1,000분의 1로 감소해 오늘날은 마이크로파 대역의 광자로 강등됐다. 이것이 '마이크로파 우주 배경 복사(cosmic microwave background)', 줄여서 CMB가 유래하게 된 저간의 사정이다. 우리의 전통을 그대로 이어받을지 모르는 앞으로 50억 년 후의 천체 물리학자들은 마이크로파가 아니라 '전파 우주 배경 복사(cosmic radiowave background)'를 논하고 있을 것이다. 현재 마이크로파 대역에서 검출되는 배경 복사가 그때는 우주의 팽창에 따른 냉각의 결과로 전파 대역으로 옮겨 가 있을 테니 하는 이야기다.

가열된 물체는 스펙트럼의 모든 파장 대역에 걸쳐 빛을 방출한다. 그러나 그 빛의 세기가 제일 세지는 파장은 따로 있다. 예를 들어 금속제 필라멘트를 사용하는 백열 전구는 적외선 대역에서 가장 강하게 빛을 방출한다. 바로 이 점이, 필라멘트가 가시광의 광원으로서는 비효율적일 수밖에 없는 가장 큰 이유다. 인간은 적외선을 피부에 느껴지는 따뜻한 정도로만 감지할 수 있다. 과학 기술의 최근 발달이 LED 혁명을 불러왔다. LED 기술은, 전력을 사람 눈이 감지하지 못하는 파장 대역의 빛을 내는 데 허비하지 않고, 순수 가시광만 방출케 한다. 그래서 우리는 요즘 반쯤 정신이 나간 듯한 이상한 광고문을 종종 접하게 된다. "7와트짜리 LED가 60와트 백열등과 맞먹는다."

한때 강력했던 빛 덩어리의 잔재가 오늘날 우리가 보는 CMB이므로 그 스펙트럼은 냉각 중인 발광체의 특성을 그대로 보여 준다. CMB는 대부분의 에너지를 마이크로파 대역으로 방출하지만, 약간의 전파 신호도 방출하고, 거의 감지될 수 없을 정도로 적은 수의 광자를 높은 에너지 대역에서 방출한다.

20세기 중반까지만 해도 우주론 관련 관측 자료가 충분하지 않았다. (우주론를 뜻하는 cosmology를 화장술을 뜻하는 cosmetology로 혼동하지 않도록.) 관측 자료가 부족할 경우, 창의성이 풍부하고 희망 사항으로 포장된 각종 아이디어가 난무하며 서로 경쟁하게 마련이다. 1940년대 러시아 태생의 미국 물리학자 조지 가모브와 그의 동료들이 CMB

　　　　　　　　　3 빛이 있으라

의 존재를 예측한 바 있다. 이 예측은 벨기에 태생의 물리학자며 가톨릭 사제였던 조르주 르메트르가 1927년에 발표한 연구 결과에 근거한 것이다. 르메트르는 대폭발 우주론의 아버지라고 불리는 인물이다. 그러나 우주 배경 복사의 온도는 미국 물리학자 랠프 앨퍼와 로버트 허먼에 의해 1948년에 그 구체적인 값이 처음 제시됐다. 이들의 이론적 계산은 다음 세 가지 사실에 근거한 것이었다. (1) 1916년 아인슈타인이 발표한 일반 상대성 이론, (2) 1929년 에드윈 허블이 발견한 우주 팽창, (3) 제2차 세계 대전 중 맨해튼 프로젝트 (Manhattan Project)를 전후로 수행된 실험실 연구에서 밝혀진 원자 물리학의 새로운 정보가, 그 세 가지였다.

당시 허먼과 앨퍼가 제시한 우주 온도는 5켈빈이었다. 그렇다면 이건 턱없이 틀린 값이 아닌가. 오늘날 마이크로파 배경 복사를 측정해서 얻어 낸 정확한 값은 2.725켈빈이다. 사람들은 이 값을 근사해서 2.7켈빈 또는 그냥 3켈빈이라고 한다.

여기서 잠깐 허먼과 앨퍼가 이 계산을 하던 1940년대로 돌아가볼 필요가 있다. 그들은 당시 지상에서 수행된 각종 실험에서 갓 찾아낸 결과들을 이삭줍기하듯 모아서 가상의 초기 우주 상태에 적용했던 것이다. 그들은 우주 온도를 5켈빈이라고 추정했지만 이것은 우주 나이가 수십억 년밖에 안 된다고 여겼던 당시의 연구 결과를 바탕으로 한 것이었다. 이 값이 오늘 우리가 알고 있는 2.7켈빈에 비해 턱없이 틀린 값이라고 하더라도, 그들의 추산은 인간 통찰력의 위대한 승리였다. 계산에 들어간 기본 정보가 잘못되면 결과는 수 배, 수십 배, 수백 배라도 틀릴 수 있기 때문이다. 심지어 있지도 않은 걸 있다고 오도할 수도 있다. 허먼과 앨퍼의 업적에 대한 미국 천체 물리학자 존 리처드 곳 3세의 코멘트를 들어보자. "우주 배경 복사의 존재를 예측하고 그 온도를 2배 이내의 정확도로 짚어 낸다는 것은, 백악관 잔디밭에 20미터 크기의 비행 접시가 내려앉을 것으로 예측했는데 실제 앉은 걸 보니 20미터가 아니라 10미터였음에 대응할 정도의 쾌거였다."

＊

우주 배경 복사의 최초 검출은 1964년 미국 물리학자 아노 펜지어스와 로버트 윌슨에 의해서 우연히 이뤄졌다. 이 둘은 미국 최대 전화회사 AT&T의 연구 부서인 벨 연구소 소속의 연구원이었다. 1960년대는 누구나 마이크로파가 무엇인지 알고 있었지만, 이를 검출할 수 있는 구체적 기술이 아직 개발되지 않았던 시기였다. 세계 통신업계의 선두 주자로서 벨 연구소는 마이크로파를 검출할 목적으로 기본 골격계가 우람하고 전체가 뿔 비슷하게 생긴 거대한 안테나를 하나 개발했다.

신호를 보내거나 받으려 할 때 우선 고려해야 할 사안은 잡음 요인부터 제거하는 일이다. 펜지어스와 윌슨도 잡다한 마이크로파의 방출원들이 자신들이 구축한 수신기와 간섭하는 걸 피하고자 했다. 그래야 마이크로파 대역에서 잡음 없이 깨끗한 통신이 가능하기 때문이었다. 하지만 그들은 우주론 전공자가 아니라 기술의 귀재로서 완벽하게 기능하는 마이크로파 수신기를 만들고자 했을 뿐이지, 가모브, 허먼, 앨퍼 등이 예측한 우주 배경 복사에 관한 지식은 갖고 있지 않았다.

펜지어스와 윌슨이 겨냥했던 실제 목표는 우주 배경 복사가 아니라 AT&T 사를 위해 새로운 통신용 채널을 여는 것이었다.

펜지어스와 윌슨은 일련의 실험을 수행하면서 뿔 안테나로 수신한 신호에서 마이크로파 통신용 신호와 간섭을 이루는 지상의 각종 전파원과 그때까지 자신들이 알고 있던 천상 전파원의 효과를 하나씩 제거하기 시작했다. 하지만 마지막 결과는 만족스럽지 못했다. 수신된 잡음 신호의 일부가 완전히 제거되지 않았던 것이다. 어떻게 제거할지 도대체 알 수가 없었다. 최후의 시도로 안테나 내부를 조사하던 중 비둘기 둥지가 발견됐다. 흰색 유전체(誘電體) 물질, 즉 비둘기의 배설물이 혹시 문제의 마지막 남은 간섭 요인이 아닐까 의심하기에 이른다. 비둘기 배설물이 안테나 내부에 있으므로 안테나를 어느 방향으로 돌리더라도 배설물에 의한 간섭은 늘 생길 테니 말이다. 해당 유전체 물질을 깨끗이 치우고 난 다음 같은 실험을 반복했다. 간섭을 일으키는 잡음 신호가 어느 정도 약해지긴 했지만 그래도 완전히 사라진 건 아니었다. 간섭의 요인인 잔여 신호가 상존했다.

1965년 펜지어스와 윌슨은 이 해석 불가의 "초과 안테나 온도"에 관한 논문을 발표했다.*

한편 프린스턴 대학교에서는 로버트 디키가 주도하는 일군의 물리학자들이 CMB 자체를 검출하기 위한 수신기를 만들고 있었다. 하지만 이들이 동원할 수 있는 연구 기자재가 벨 연구소 팀에 견주어 턱없이 부족해서 수신기 제작의 진척은 느려질 수밖에 없었다. 그러던 차에 디키의 팀은 펜지어스와 윌슨의 연구 결과를 전해 듣는다. 당장 프린스턴 팀은 벨 연구소 팀이 관측에서 밝힌 초과 안테나 온도의 정체를 정확하게 짚어낼 수 있었다. 퍼즐의 마지막 조각들이 멋들어지게 맞춰지기 시작했다. 특히 초과 안테나 온도 값 자체와 하늘 어느 방향에서나 관측된다는 사실이 결정적 단서를 제공했다.

1978년 펜지어스와 윌슨은 마이크로파 우주 배경 복사를 발견한 공로로 노벨상을 받는다. 그리고 2006년 미국 천체 물리학자 존 매서와 조지 스무트가 CMB의 스펙트럼을 넓은 파장 대역에서 관측한 공로로 노벨상을 공동 수상한다. CMB의 스펙트럼을 확보하게 됨으로써 우주론이, 창의성 만점의 다양한 아이디어와 증명되지 않은 각종 예상들을 보듬어 키우던 학문적 양묘장의 수준을 탈피하고, 정밀도를 생명으로 하는 실험 과학의 무대 중앙으로 당당하게 등

---

\* A. A. Penzias and R. W. Wilson, "A Measurement of Excess Antenna Temperature at 4080 Mc/s," *Astrophysical Journal* 142(1965): 419 – 21.

장하게 된다.

*

우주 먼 곳의 천체에서 나온 빛이 우리에게 도달하려면 시간이 걸린다. 멀면 멀수록 긴 시간이 소요된다. 그러므로 공간적으로 먼 곳을 관측한다는 것은 시간적으로는 먼 과거에 있었던 사건을 지금에 가져오는 것이다. 우주의 아주 깊은 심연을 본다는 것은, 수십억 년 전 과거의 사건을 오늘에 불러오는 셈이다. 원거리에 있는 어떤 은하에 고도의 지적 존재가 살고 있어 자신들의 우주 배경 복사를 관측했다고 치자. 그리고 그들이 측정한 초과 안테나 온도를 우리에게 알려 줬다고 해 보자. 그들이 알아낸 온도는 우리가 알고 있는 2.7켈빈보다 높을 것이다. 왜냐하면 저들은 우리가 알고 있는 우주보다 더 젊고, 더 작고, 그래서 훨씬 더 뜨거운 우주에 살고 있었기 때문이다.

실제로 이 가정의 진위를 시험해 볼 수 있다. 시아노겐 분자 CN(독가스로 한때 사형 집행에 사용됐다.)에 마이크로파를 쪼이면 낮은 에너지 준위에 있던 CN 분자가 높은 준위로 올라간다. 먼 은하에 거주하는 이들이 측정한 마이크로파 복사가 우리에게 알려진 CMB보다 고온이라면 앞에서 얘기한 높은 준위로의 천이가 더 많이, 그리고 더 효과적으로 일어날 수 있다. 대폭발 모형을 받아들인다면, 우리로부터 멀리 떨어진 젊은 은하의 CN 분자는 우리 은하의 CN보다 좀 더 따뜻한 우주 마이크로파 배경 복사를 받고 있었을 것이다. 이 예측이 실제 관측에서 검증됐다.

이것은 흥미를 유발할 목적으로 일부러 꾸며 낸 얘기가 아니다.

CN 분자의 들뜸 등에 관심을 가져야 할 특별한 이유라도 있을까? 대폭발 이후 38만 년 동안 우주는 불투명한 상태였다. 광자가 자유롭게 돌아다닐 수 없는 상황이었기 때문이다. 따라서 당신이 우주적 사건이 벌어지는 현장 한복판에 자리 잡고 있어도 사건의 전모를 알아볼 수 없었을 것이다. 심지어 은하단들이 어느 구석에서 태동하는지 인지할 수 없었을 것이고, 은하단보다 훨씬 더 큰 규모인 빈터(void)조차 어디에서 형성되는지 알아볼 수도 없었을 것이다. 보고 싶고 또 꼭 봐야만 할 가치가 있는 사건의 실체를 직시할 수 있으려면 사건 현장에서 출발한 광자들이 중간에 그 어떤 방해도 받지 않고 우주를 가로질러 관측자에게 직행할 수 있어야 한다.

우주를 횡단하는 광자 하나를 머릿속에 그려 보자. 어떤 사건 현장에서 방출된 광자가 도중에 전자와 만나 산란을 겪게 된다면 해당 사건에 관한 정보가 관측자에게 전달될 수 없다. 왜냐하면 전자와의 산란의 결과로 광자의 원래 진행 방향이 바뀌기 때문이다. 그러므로 우주 횡단의 긴 여정을 마치고 관측자에게까지 도달한 광자에게 어디에서 출발했는지 묻는다면, 그 답은 가장 최근에 있었던 전자와의 충돌 지점, 즉 '마지막 산란 위치'가 될 것이다. 그 위치 정보밖에 가진 게 없기 때문이다. 팽창과 더불어 우주가 식어서 3,000켈빈에 이르면 전자들이 양성자와 결합해 수소 원자를 형성하면서 더 이상 광자를 산란하지 못하게 된다. 더 많은 전자와 양성자가 결합함에 따라 점점 더 많은 수의 광자들이 전자의 속박에서 풀려나 자유로워진다.

수많은 광자들의 마지막 산란이 일어났던 위치는 하나의 구면을 이룰 것이다. 우주 팽창과 더불어 점점 넓어지는 이 구면을 우리는 '최후 산란면(surface of last scattering)'이라 부른다. 전자 하나가 원자핵 하나와 결합할 때마다 약간의 에너지를 갖는 광자가 튀어나와 검붉게 빛을 내는 배경을 뒤로한 채 더 이상 전자의 방해를 받지 않으면서 자신의 여정을 계속한다. 이 광자가 자신이 출발한 최후 산란면의 정보를 간직한 채 달려와서 오늘 우리에게 마이크로파 우주 배경 복사로 관측된다.

전자와 원자핵의 결합이 거의 종결될 즈음 우주에서는 이미 자체 중력에 의한 물질의 수축이 여기저기에서 진행 중이었으며, 그 결과로 물질이 여타 지역보다 밀집되어 있는 지역들이 생겨나기 시작했다. 밀집 지역에서 비롯한 광자는 그렇지 않은 지역에서 나온 광자보다 에너지 측면에서 약간 저온의 프로파일을 보였을 것이다. 물질이 자체 중력에 의해 쌓이면 쌓일수록 중력의 세기 역시 증가하면서 점점 더 많은 물질이 그리로 몰려들게 된다. 이러한 지역이 장차 초은하단으로 성장할 씨앗이다. 다른 지역은 상대적으로 빈 공간으로 남게 된다.

과학자들은 최근 마이크로파 우주 배경 복사의 밝기를 전 하늘에 걸쳐 정밀하게 측정해 배경 복사의 세기 분포 지도를 작성했다. 이 지도를 보면 완전히 균질하지 않고 군데군데 얼룩이 져 있는 것처럼 보인다. 평균보다 약간 뜨거운, 즉 밝은 지역이 있는가 하면 평균보다 차가운, 즉 어두운 곳도 보인다. CMB의 온도 분포를 분석해 우리는 우주 초기 물질 분포의 구조와 내용을 알아낸다. 여기서 분석이란, CMB에 드러난 최후 산란면에서의 패턴을 조사한다는 뜻이다. 은하, 은하단, 초은하단 들이 어떻게 형태를 갖추어 가는지 알아내는 데 우리가 사용할 수 있는 최상의 탐사 도구가 바로 하늘 전역에 걸친 CMB의 세기 분포 지도이다. 고해상도의 CMB 지도는 천체 물리학자들이 우주 역사를 재구성하는 데 사용하는 강력한 타임캡슐인 셈이다. CMB에 드러난 온도 분포를 분석하는 일은 일종의 '우주 골상학'이라 하겠다. 유아기 우주의 두개골 여기저기에 드러난 돌출부를 각별히 눈여겨본다는 말이다.

천체 물리학자들은, 현세 우주, 즉 가까이 있는 은하들을 관측해 알아낸 가까운 우주의 실상과, 우주 탄생 초기의 우주, 다시 말해서 아주 멀리 떨어진 각종 천체들의 관측 자료에서 도출한 먼 과거의 우주에 관한 정보를 자신들이 수행하는 CMB 지도의 이론적 해석의 제한 조건에 추가함으로써, CMB 지도에 숨어 있던 우주의 근본 성질에 관한 비밀을 하나씩 하나씩 캐낼 수 있었다. CMB 지도상에서 평균보다 뜨거운 지역의 크기와 온도 분포를 차가운 지역의 그것과 비교해 원자핵과 전자가 결합하던 시기에 중력이 얼마나 강했으며 수축에 의한 밀도의 증가가 얼마나 신속하게 이뤄지고 있었는지 등을 추정한다. 이렇게 얻어 낸 결과들을 종합해 보면 통상 물질, 암흑 물질, 그리고 암흑 에너지(dark energy)가 우주에 어떤 비율로 존재하는지 결정할 수 있다. 그다음에는 우주가 영원히 팽창할지 말지가 단숨에 판단된다.

✳

일상에서 만나게 되는 모든 물질을 우리는 앞에서 통상 물질이라 불렀다. 통상 물질은 중력을 자아내며 빛과 상호 작용을 한다. 하지만 신비하기 이를 데 없는 암흑 물질은 중력은 자아내지만 그 어떤 방식으로도 빛과는 상호 작용을 하지 않는다. 한편 암흑 에너지는 진공의 시공간에 존재하는 신비한 압력으로 중력의 방향에 거슬러 작용함으로써 우주 팽창의 가속 요인으로 기능한다.

현대 천체 물리학이 수행한 '우주 골상학적' 분석을 통해서 우리는 우주가 어떤 식으로 행동하는지는 이해했지만, 우주의 주성분을 이루는 물질의 정체는 아직 그 실마리조차 풀지 못하고 있다. 무지의 빙산이 이렇게 크다 하더라고, CMB야말로 현대 우주론이 확보한 앵커인 것은 확실하다. CMB를 통해서 우주를 깊이 있게 파헤칠 수 있는 새로운 이론적 도구에 이르는 문이 열린 것이다. CMB는 물리학의 새로운 지평을 열어 주는 열쇠다. 현대 우주론은 CMB라는 거울을 확보함으로써, 전자와 광자의 산란이 드리운 커튼이 걷히던 시기의 이전과 이후를 함께 알아볼 수 있게 됐다.

마이크로파 우주 배경 복사의 발견이 우주론의, 신화 그 이상의 과학으로의 변신을 가능케 했다. 이 변신의 일등 공신은 마이크로파의 세기를 전천에 걸쳐 높은 해상도와 정밀도로 측정한 CMB의 세기 분포 지도다. CMB 지도의 출현으로 우주론은 이론적 사유 위주의 과학에서 실험실 실험과 지상 및 우주선 관측에 의존하는 현대 과학의 울타리 안으로 당당히 들어오게 됐다. 우주론을 전공하는 과학자들은 자긍심이 대단하다. 자기 직업이 우주를 존재케 한 동인에 천착하는 것이라면, 그 누구인들 자긍심을 갖지 않을 수 있겠는가. 관측 데이터가 전무하거나 부족한 상황에서는, 아무리 자긍심이 강하다 하더라도 우주론 연구자들이 내놓은 설명은 그저 가정 수준에 머물 수밖에 없다. 하지만 이 분야 학계의 오늘 상황은 과거와 완전히 다르다. 새로운 관측이 이뤄질 때마다 거기에 걸맞은 한 줌의 데이터가 확보된다. 천문학에서 관측 자료는 양날의 칼이다. 우선 훌륭한 관측 자료 덕분에, 여타의 자연 과학이 굳건히 자리할 수 있었던 것과 같은 실험의 기초 위에 우주론도 자신의 집을 튼실하게 구축하게 됐다. 동시에 관측 데이터는 기존 이론의 성립 여부를 판가름할 심판관 역할을 한다. 어떤 이론은 폐기 처분하고 어떤 이론에는 제한 조건이라는 차꼬를 채운다. 데이터 없이는 그 어떤 과학도 성숙 단계에 들어설 수 없다.

3 빛이 있으라

# 4

# 은하와 은하 사이

*

✳

✳

우주 구성원의 총 목록이라면 거기에 반드시 은하가 들어가야 한다.
가장 최근 추산에 따르면, 1000억 개의 은하가 관측 가능한 가시 우
주에 존재한다고 한다. 밝고 아름다우며 수많은 별들로 가득한 은하
야말로 텅 빈 암흑의 밤하늘을 장식하는 찬란한 보석이다. 텅 빈 밤
하늘을 한 국가의 야경에 비유한다면 보석 같은 은하는 점점이 흩어
져 있는 작은 도시에 대응한다. 도시와 도시가 얼마나 멀리 떨어져
있는지 가늠하면 해당 국가 국토가 어느 정도 비어 있는지 계량할 수
있다. 가시광 관측에 드러나는 은하는 인상적이다. 은하의 위용이
다른 모든 것을 압도하기 때문에, 우리는 우주에 은하 이외에 더 중
요한 구성원이 없다고 믿어 버리곤 한다. 하지만 텅 빈 공간이라고
여겨졌던 은하와 은하 사이, 즉 은하간 공간에도 재미있는 구성원들
이 많다. 문제는 그들의 존재가 쉽게 드러나지 않는다는 데 있다. 그
럼에도 검출하기 어려운 은하간 존재들이 은하 자체가 갖고 있는 것

보다 중요한 정보를 더 많이 움켜쥐고 있다. 우주의 전반적인 진화에 관한 정보를 바로 그들이 갖고 있다.

태양계가 속한 나선 모양의 우리 은하는 '우유의 길(Milky Way)'이란 별명으로 불린다.* 지구인의 눈에는 은하가 마치 엎질러진 우유가 밤하늘에 그려 놓은 신작로같이 보이기 때문에 이런 이름이 붙여졌지 싶다. 그런데 한 발 더 들어가 보면 재미있는 사실이 발견된다. 영어로 은하를 지칭하는 galaxy가 원래 그리스 말로 '우유 같은'의 의미를 갖는 갈락시아스(galaxias)에서 유래한 표현인 것이다.

우리 은하에서 60만 광년 떨어진 곳에 제멋대로 생긴 작은 은하 둘이 있다. '마젤란의 구름'이라고 불렸던, 우리 은하의 가장 가까운 이웃이다. 이 불규칙 은하 두 개에 대한 기록이 페르디난드 마젤란의 항해 일지에 처음 등장한다. 1519년 세계 일주 항해에 올랐던 마젤란은 남반구 밤하늘에서 희미한 구름 덩어리의 쌍을 발견한다. 찬연하게 빛나는 수많은 별들의 무리에서 조금 떨어진 위치에서 발견된 이 두 구름 덩어리를 오늘날 우리는 마젤란의 업적을 기린다는 뜻에서 각각 대마젤란 성운과 소마젤란 성운이라 부른다. 우리 은하는 나선 은하다. 그런데 나선 은하로서 우리 은하에 가장 가까운 이웃은 안드로메다자리 방향으로 약 250만 광년 떨어져 있는 안드로메다 은하다. 역사적으로 '안드로메다자리의 거대 구름'이라 불리던 이 나선

---

* 우리는 이를 은빛 강물, 즉 은하수(銀河水)라고 부른다. ─ 옮긴이

은하가, 실은 우리 은하보다 질량이 약간 큰 은하로서 우리 은하와 쌍을 이루고 마주보며 궤도 운동을 한다. 그런데 이들의 옛 이름에 '별'에 대한 언급이 없다는 게 이상하지 않은가. 우유의 길, 마젤란의 구름, 안드로메다자리의 거대 구름 등이 모두 망원경이 발견되기 이전에 붙여진 이름이기 때문이다. 구경이 작은 망원경으로 보면 그저 구름같이 희뿌연 흔적으로 드러날 뿐이다. 별을 하나하나 구별해 볼 수 없었던 시절에 이들은 모두 구름으로 불렸던 것이다.

✱

9장에서 자세히 언급하겠지만, 다양한 파장 대역에서 작동하는 거대 망원경의 도움이 없었다면 우리는 아직 은하와 은하 사이가 텅 빈 진공인 줄로만 알고 있었을 것이다. 현대에 들어와서 사용하게 된 각종 광 검출 장비와 더불어 이론 천체 물리학의 발달로 우리는 우리 은하의 변방 너머에도 무엇이 있는지 알게 됐다. 왜소 은하, 폭주성 (暴走星)✱, 엑스선을 방출하는 100만 켈빈의 고온 기체, 암흑 물질, 흐

---

✱ 폭주성은 비정상적으로 큰 고유 운동을 보이는 별이다. 상호 중력의 '끈'으로 묶여 쌍성계를 이루던 두 별 중 하나가 초신성으로 폭발하면, 나머지 하나가 상호 중력의 속박에서 풀려난다. 이렇게 궤도에서 벗어난 별이 폭주성이 된다. 폭주성은 초신성 폭발 당시의 궤도를 돌던 속력으로 궤도의 접선 방향으로 달아난다.

린 푸른색 은하, 하늘 전역에서 발견되는 기체 구름, 막강한 에너지의 우주선 입자, 신비의 존재인 진공 양자 에너지 등등이 은하와 은하 사이 공간을 채우고 있다.

우주의 일정 부피를 샅샅이 뒤져 보는 각종 서베이 관측의 결과를 종합해 보면 왜소 은하가 보통의 큰 은하들보다 10여 배나 더 많은 것으로 나타난다. 1980년대 내가 최초로 써 본 에세이의 제목이 「우리 은하와 일곱 왜소 은하(The Galaxy and the Seven Dwarfs)」였다. 우리 은하 근처에 있지만 너무 작아서 그 존재가 확연하게 드러나지 않는 왜소 은하에 관한 글이었다. 그 후 국부 은하군에서 찾아낸 왜소 은하의 개수가 수십 개로 급격히 늘어났다. 정상적 크기의 은하 하나에 통상 1000억 개의 별이 들어 있지만, 왜소 은하의 경우 구성원 별이 100만 개에 불과하므로 그만큼 발견되기 어려웠던 것이다. 국부 은하군이라고 하면 바로 우리 코앞의 존재인데, 여기에서도 왜소 은하들이 계속 발견되는 건 그 왜소성에서 비롯한 당연한 결과다.

더 이상 별 탄생이 이뤄지지 않는 왜소 은하의 이미지를 보면 은하라고 부르기에는 이를 데 없이 초라하다. 별 탄생이 진행 중인 왜소 은하라고 해도 나선 은하의 위용과 비교될 수 없을 정도로 그 생김새가 불규칙적이며 볼품이 없다. 한마디로 애처롭기까지 하다. 왜소 은하의 검출을 어렵게 만드는 세 가지 큰 요인이 있다. 첫째, 왜소 은하는 이름 그대로 너무 작기 때문에 관측자의 관심을 외양이 이보다 더 매력적인 나선 은하에게 빼앗길 수밖에 없다. 둘째, 왜소 은하

4 은하와 은하 사이

는 흐리기 때문에, 밝기의 하한선을 정해 놓고 이뤄지는 서베이 관측에 잘 걸리지 않는다. 셋째, 단위 각면적 안에 보이는 왜소 은하의 개수가 워낙 적기 때문에 이들은 배경 하늘의 밝기에 쉽게 묻히고 만다. 지구 대기의 야간 조명과 여타 광원들이 내뿜는 빛의 바다에서 왜소 은하가 자신의 존재를 드러내기에는 그 밝기가 너무 흐리다. 그럼에도 정상 은하에 비해 왜소 은하가 월등히 많으므로 정상 은하의 정의는 앞으로 수정될 필요가 있다.

현재까지 알려진 왜소 은하 대부분이 큰 은하들 주위에 가까이 몰려 있다. 정상 은하 주위를 궤도 운동하는 위성 은하인 셈이다. 대마젤란 성운과 소마젤란 성운도 우리 은하가 거느린 왜소 은하 가족이라 하겠다. 가족이라 했지만 왜소 은하들은 자못 위험한 운명의 존재다. 왜소 은하의 장기간에 걸친 운동을 수치 모의 실험을 통해 추적해 보면, 중심에 있는 정상 은하를 향해 궤도가 천천히 수축하면서 성분 기체와 별의 무리가 궤도 상에 길게 흩어진다. 그러다가 종국에 가서는 중심 은하에 완전히 먹히고 만다. 우리 은하 역시 지난 10억 년 사이에 사육제 한판을 벌였지 싶다. 왜냐하면 왜소 은하 하나가 우리 은하에 잡혀 먹힌 흔적이 널려 있기 때문이다. 궁수자리 방향 저 멀리에 있는 은하의 중심 주위를 별들이 죽 늘어서서 궤도 운동을 하는 것이 보인다. 이들은 왜소 은하가 우리 은하 중심으로 끌려 들어오면서 자신의 구성원이던 별들의 일부를 길게 흘려 놓은 것이다. 긴 흐름을 이루는 이 별들의 무리를 궁수자리 왜소 은하라 부르는데,

이보다 '우리 은하수 은하의 점심거리'가 더 적절한 이름일 것이다.

은하들이 밀집해 있는 은하단 안에서는 커다란 은하 두셋이 중력적으로 조우(遭遇)하는 사건이 자주 발생한다.* 은하의 충돌은 엄청난 규모의 흔적을 남긴다. 나선 팔 구조가 뒤틀려서 도저히 나선이라고 알아볼 수 없을 정도로 변형된다든가, 기체 구름들의 충돌에서 촉발된 폭발적 별 탄생의 지역들이 사방에 나타난다. 또 수억 개의 별들이, 충돌에 참여한 모은하(母銀河)들의 중력 속박에서 벗어나 이리저리 흩어지기도 한다. 이렇게 흩어진 별들의 일부는 다시 모여서 왜소 은하라 불릴 수준의 작은 집단을 이루기도 한다. 나머지는 우주 공간을 그저 떠돌게 된다. 덩치가 큰 은하들의 10퍼센트 정도가 다른 큰 은하와 중력 조우를 겪은 것으로 추정된다. 이 비율이 은하단 내부에서는 50퍼센트 정도로 높아진다. 즉 둘 중 하나는 중력 조우를 경험했다는 것이다.

중력 조우가 벌어지는 난장판을 둘러보자. 이리저리 흩어진 난파선과 같은 은하의 잔해가 은하간 공간, 특히 은하단 내부에 얼마나

---

\* 은하의 충돌은 두 은하가 정면으로 서로 부딪는 경우만을 의미하지 않는다. 두 은하들 사이에는 정면 충돌도 물론 일어나지만 적당한 거리 이내에서 서로 빗겨 지나가는 조우가 훨씬 더 빈번하게 발생한다. 두 은하 사이에 작용하는 중력의 역할로 정면 충돌뿐 아니라 조우의 경우에도 조우에 참여하는 두 은하의 형태에 근본적인 변형이 생긴다. 그러므로 이 경우 충돌과 조우가 거의 같은 개념으로 사용된다. — 옮긴이

4 은하와 은하 사이

광범위하게 퍼져 있는지 알고 싶지만, 아직 아무도 속 시원한 답을 주지 못하고 있다. 우선 측정이 어렵다. 별들의 무리가 흩어져 낱별이 될 경우 별 하나하나는 너무 어두워서 관측에 잘 걸리지 않는다. 많은 수의 별들이 내는 빛이 한데 모여 희뿌옇게 나타나는 산광(散光)이 오히려 개개의 별보다 관측에 더 잘 걸린다. 은하간 공간의 밝기를 측정해 분석한 결과, 은하의 구성원으로 한데 묶여 있는 별들과 은하의 중력 속박에서 벗어나 은하와 은하 사이의 빈 공간을 정처 없이 떠도는 낱별들의 개수가 엇비슷할 것으로 추산된다.

이 논의에 불이라도 당기려는 듯, 모은하로 여겨지는 은하에서 멀리 떨어진 곳에서 우연히 직면하게 된 초신성 폭발이 12건 이상이나 보고됐다. 통상적으로 보통 은하에서는 별 하나가 이런 식으로 폭발할 때 나머지 10만 개 내지 100만 개는 그대로 있다. 그렇다면 모은하에서 멀리 떨어진 곳에서 이렇게 많은 수의 초신성 폭발이 목격된다면, 은하간 공간에 엄청나게 많은 수의 별들이 낱별로 존재한다는 결론을 피할 수 없다. 별은 초신성 폭발을 통해 수많은 파편으로 공간에 흩어진다. 이 과정에서 폭발한 별의 밝기가 수 주간 무려 10억 배나 밝아지기 때문에 초신성은 폭발 현장에서 아주 멀리 떨어진 우주의 여타 지역에서도 관측이 가능하다. 평시에는 그곳에 별이 있는지조차 모를 정도로 희미하던 별이었는데 갑자기 밝아짐으로 해서 우주를 가로질러 먼 곳에까지 자신의 존재를 드러낸다.

은하의 큰 울타리를 뛰쳐나온 10여 개 남짓한 수의 초신성이 우연히 발견됐다는 사실은 비록 적은 수이긴 하지만 천체 물리학적으로 대단히 중요한 의미를 지닌다. 천문학계는 초신성을 발견하기 위한 특별 관측 프로젝트를 운영한다. 이러한 프로젝트에 종사하는 연구자들은 이미 알려진 은하들을 체계적으로 감시·관측한다. 초신성을 찾기 위해 아무것도 보이지 않은 빈 하늘을 지속적으로 관측하지는 않는다. 빈 하늘 대신 은하를 본다. 그럼에도 빈 하늘에서 초신성이 열두어 개나 발견됐다. 이는 모은하의 중력 속박에서 벗어나 은하간 공간을 떠도는 별들이 엄청나게 많다는 사실을 암시한다.

*

은하단을 구성하는 개개의 은하나 은하에서 탈출한 별들보다 은하단 자체에서 우리가 배울 게 아직 많이 남아 있다. 엑스선을 검출할 수 있는 망원경으로 은하단을 관측한 결과 은하단 내부 공간이 수천만 도에 이르는 초고온의 기체로 가득 차 있음을 확인할 수 있었다. 온도가 높기 때문에 은하단 내부 기체는 스펙트럼 상에서 엑스선 대역의 복사를 방출한다. 기체를 잔뜩 머금은 은하가 초고온의 기체로 충만한 은하단 내부를 휩쓸고 지날 때 자신의 기체 성분을 은하단에 빼앗기게 된다. 은하가 머금고 있던 기체가 은하단 내부의 기체, 즉 은하간 기체로 바뀌는 것이다. 그 결과로 별이 될 원료 물질을 상실한 은하들은 더 이상 별을 수태할 수 없게 된다.

4 은하와 은하 사이

그렇다면 우리는 다음 관측 사실을 이해할 수 있을 것이다. 은하단 내부에 존재하는 초고온 기체의 총 질량을 측정해 보면 은하단을 구성하는 개별 은하들의 총 질량보다 무려 10여 배나 더 많은 것으로 나타난다. 일부 특정 은하단에서만 그런 게 아니라 대부분의 은하단에서 그렇다. 그런데다가 은하단의 총 질량은 암흑 물질이 전적으로 지배한다. 앞에서 얘기한 초고온의 은하단 내 기체와 은하들의 질량을 합한 것보다 암흑 물질의 질량이 또 10여 배나 되는 것으로 밝혀졌다. 다시 말해서 빛만 검출하는 망원경이 아니라 질량 자체를 알아볼 수 있는 다른 방편이 있다면, 한때 우리가 그렇게 대단하다고 떠받들어 모시던 은하들은 정말로 별 볼일 없는 존재로 전락하고 말 것이다. 중력으로 묶여 있는 거대한 구형의 빛 덩어리인 은하단과 그것을 지배하는 암흑 물질의 관점에서 은하들은 눈에 잘 띄지도 않는 희미한 흔적으로 인식될 뿐이다.

은하단을 벗어난 우주의 머나먼 여타 공간으로 우리의 시선을 돌리면, 지금으로부터 아주 오래전 한때 세상을 주름잡던 은하들의 무리를 목격하게 된다. 이 책의 독자들에게는 이미 알려진 사실이겠지만, 천문학자가 우주에서 거리를 달리하는 지역들을 본다는 것은 지질학자가 퇴적층의 여러 커를 하나씩 조사하는 활동과 같다. 해당 지역에 있었던 암반 형성의 길고 긴 역사가 퇴적층에 고스란히 적혀 있다. 지질학자는 퇴적층에서 시간을 읽어 낸다는 얘기다. 한편 천문학자는 오늘 관측에 같이 드러났지만 거리를 달리하는 천체들의 모습에서 우주의 과거 역사를 더듬어 알아낼 수 있다. 빛의 속력이 유한한데다가, 우주란 워낙 광대한 공간을 가로질러 고민해야 할 대상이므로, 해당 천체의 빛이 관측자인 우리에게 도달하기까지 긴 시간이 걸린다. 걸린 시간의 길고 짧음이 해당 천체의 멀고 가까움에 달려 있으니, 거리를 달리하는 천체마다 우주의 장구한 역사에서 각기 다른 시점의 상황을 우리에게 보여 주게 마련이다.

그런데 이 시점들이 점유하는 범주가 짧게는 수백만 년에서 길게는 수십억 년의 단위로 가늠될 만큼 다양하다. 우주의 크기가 현재의 절반밖에 되지 않던 시절에는 푸른색을 띠는 중간 크기의 희미한 은하들이 당시의 우주 공간을 풍미했다. 우주가 현재의 절반 크기이던 먼 과거의 존재라고 하더라도 오늘날 우리가 그들을 직접 볼 수 있다는 사실이 놀랍기만 하다. 우리에게서 아주 멀리 떨어져 있는 천체의 오늘 모습이 실제로는 해당 천체의 먼 과거 상황이란 말이다.

이 은하들이 특별히 푸른색을 띠게 된 사연이 따로 있다. 청색 은하 내부에는 태어난 지 얼마 안 되는, 수명이 짧고, 질량이 매우 크며, 표면 온도가 지극히 높은, 고광도의 별들이 자리하기 때문이다. 이러한 은하들이 흐리게 보이는 배경에도 타당한 이유가 있다. 우선 멀리 떨어져 있으니까 은하의 본래 밝기보다 당연히 흐리게 보인다. 그렇지만 좀 더 근본적인 이유는, 앞에서 얘기한 광도 높은 청색 별들이 절대적으로 소수라는 데 있다. 다시 지질학에서 비유를 찾아보기로 하자. 한때 지구를 온통 지배하다가 사라진 공룡들이 현대까지 남긴 유일한 후예가 새라는 사실에 주목할 필요가 있다. 현재는 푸른 색이며 밝기가 낮은 은하들이 존재하지 않지만, 저들의 후예는 오늘의 우주에서 찾아볼 수 있을 것이다.

사라진 은하들을 구성하던 별들은 지금 어떻게 됐을까? 별의 한복판에서 타오르던 원자로가 연료의 소진으로 완전히 꺼져 버렸을까? 관측에 걸리지 않은 별의 사체가 돼서 우주 여기저기에 흩어져 있을까? 은하 자체는 진화해 오늘날 우리에게 잘 알려진 왜소 은하로 변신한 건 아닐까? 아니면 자신들보다 엄청 큰 은하들에게 완전히 잡아먹혔을까? 우리는 저들의 최후가 어떠했는지 모른다. 하지만 우주의 역사가 적혀 있는 시공간의 연대표에는 저들의 자리가 확실하게 확보돼 있을 것이다.

사라진 은하와 그 안에 있던 별들의 최후는 모른다고 하더라도, 오늘날 거대한 은하와 은하들 사이 공간에 남아 있을 그 잔해가 배경에서 오는 빛을 일부 차단해 우리에게 오지 못하게 막을 수도 있지 않을까? 퀘이사와 같이 관측자로부터 아주 먼 거리에 자리하는 천체들을 연구하는 데 은하간 물질이 하나의 장애물로 작용할 게 뻔하다. 이왕 얘기가 나왔으니 여기서 잠깐 퀘이사를 살펴보기로 하자. 퀘이사란 초고광도의 빛을 방출하는 존재로서 통상적으로 은하의 중심핵에 자리한다. 퀘이사에서 비롯한 빛이 관측자의 망원경에 도달하기까지 수십억 년의 세월이 걸린다. 극단적으로 먼 거리에 있는 천체인 관계로 퀘이사야말로 은하간 물질을 검출하고 그 정체를 밝히는 데 아주 유용한 연구 대상이며 연구 수단이다.

아니나 다를까, 퀘이사의 스펙트럼을 보면 정체불명의 흡수선들이 나타난다. 퀘이사의 스펙트럼 관측이란 퀘이사에서 온 빛을 각기 다른 색깔, 즉 파장 성분의 빛으로 분해해 보는 작업이다. 현재까지 알려진 모든 퀘이사들의 스펙트럼에서, 해당 퀘이사가 하늘 어디에서 발견된 것이든 그 위치에 무관하게, 각각 10여 개씩의 수소 구름에 의한 흡수선들이 보인다. 이러한 흡수선의 존재로부터 은하간 시공간에 수소 구름들이 각기 다른 위치에 자리하고 있다는 결론에 이르게 된다. 1980년대에 처음 발견된 수소 구름은 은하간 천체나 은하간 물질 중에서 그 나름의 자격을 갖춘 어엿한 존재다. 발견 이후 수소 구름은 천체 물리학자들의 지속적인 관심의 대상이 되고 있다. 은하간 수소 구름의 원천이 무엇이며, 수소 구름의 형태로 존재하는 은하간 물질의 총 질량이 얼마나 되는지 무척 궁금하다.

퀘이사들의 스펙트럼은 모두 다 은하간 수소 구름의 존재를 증언한다. 바꿔 말해서 은하간 수소 구름이 우주 도처에 자리한다는 얘기다. 누구나 예상할 수 있듯이, 멀리 있는 퀘이사의 스펙트럼일수록 관측자인 우리와 퀘이사 사이에 그만큼 많은 수의 수소 구름이 늘어서 있게 마련이다. 이렇게 밝혀진 수소 구름의 극히 일부, 즉 1퍼센트 이하의 소수는, 관측자의 시선이 통상의 나선 은하나 불규칙 은하를 통과하는 과정에서 발견된 것이다. 물론 퀘이사의 일부는, 통상의 은하이지만 너무 멀리 있어서 그 존재가 뚜렷하게 드러나지 않

4 은하와 은하 사이

을 정도로 매우 흐린 은하의 배경에 자리할 수 있다. 이 경우 은하간 공간에 자리 잡은 수소 구름이라기보다 외부 은하에 속한 성간 수소 구름이 퀘이사의 스펙트럼에 흡수선을 남길 수도 있겠다. 하지만 관측에 걸린 은하간 수소 구름들로 인한 흡수선에 비해 은하 내부 성간 수소 구름에 의한 것이 차지하는 비율이 극히 낮을 것으로 추산된다. 그러므로 은하간 공간에서 발견되는 수소 구름은 그들 나름의 고유한 특성과 역사를 지닌 존재임에 틀림이 없다.

은하간 수소 구름의 정체가 활발하게 논의되는 와중에 퀘이사 관측을 통해 우주 시공간 구조에 관한 중요한 정보를 얻어낼 수 있는 길이 열렸다. 바로 중력 렌즈(gravitational lens)다. 퀘이사에서 출발한 빛이 거대한 중력원(重力源)들 주위를 지나면서 퀘이사의 이미지가 기이한 형상으로 왜곡된다. 퀘이사의 이미지를 바꿔 놓을 수 있을 정도로 강력한 세기의 중력이 이미지의 왜곡을 불러온 근본 요인이다. 하지만 이 중력원을 구성하는 통상 물질이 방출하는 빛이 너무 약하거나, 우리로부터 너무 멀리 떨어져 있거나, 아니면 그 질량의 대부분을 암흑 물질이 차지하고 있을 경우, 빛에 의존할 수밖에 없는 우리는 그 중력원의 정체를 제대로 짚어낼 수 없게 된다. 예를 들어 은하단의 중심 지역과 은하단 주변에 그득한 암흑 물질의 경우, 빛과 아무런 반응도 하지 않지만 강력한 중력 효과는 발휘한다. 빛을 내는 통상 물질이든 빛과 상호 작용을 하지 않는 암흑 물질이든 일단 물질이 존재한다면 거기에 반드시 중력이 같이한다. 중력이 작용하는 곳이라면 어디든, 아인슈타인의 일반 상대성 이론이 기술하는 대로 그 주위의 시공간은 휘어지게 마련이다. 휜 시공간은 유리로 만든 렌즈와 같이, 거기를 통과하는 빛의 경로 또한 휘게 한다. 중력이 렌즈의 역할을 한다는 말이다. 이것을 중력 렌즈 효과라고 한다. 그래서 실제로 아주 멀리 떨어져 있는 퀘이사와 은하 들에서 출발한 빛이 관측자의 망원경을 향해 오던 중 그 진행선상에 있는 중력 렌즈들의 영향을 받아 경로가 변경되는 일이 흔하게 발생한다. 중력 렌즈에 의한 배경 천체의 이미지는 주로 두 가지 요인에 따라 변형된다. 하나는 렌즈 역할을 하는 천체의 질량이고 다른 하나는 배경 천체-렌즈 천체-관측자 3자가 이루는 기하학적 배치다. 이 두 요인이 맞물려 천체의 원래 이미지가 확대되거나 왜곡되고 몇 개로 늘어나기도 한다. 쇼핑몰 같은 데에서 흔히 볼 수 있듯이 전체 벽면을 거울로 처리한 방안에 들어간 사람의 이미지가 다양한 형태로 변형되거나 여럿으로 보이게 되는 것처럼 말이다.

우주에서 현재까지 알려진 가장 먼 천체들 중에는 퀘이사만 아니라 통상의 은하도 있는데, 거리가 거리인 만큼 그 겉보기 밝기가 이를 데 없이 미미하다. 그러나 개중에는 중도에 자리하는 중력 렌즈들의 영향으로 밝기가 상당한 수준으로 증폭되어 우리에게 밝게 보이는 경우도 있다. 그러므로 중력 렌즈 역할을 하는 천체들은, 통상의 망원경으로는 도저히 꿰뚫어 볼 수 없을 정도로 아주 먼 곳, 다시 말해서 아주 먼 과거에 존재하는 시공간 영역을 탐사할 수 있게 하는

'은하간 망원경'의 역할을 톡톡히 해낼 것이다. 그러므로 중력 렌즈 효과가 우주론 연구에 큰 공헌을 할 것으로 기대된다. 중력 렌즈야말로 우주 규모의 원거리에 접근할 수 있는 미래의 연구 방편이라고 하겠다.

*

은하간 공간을 특별히 싫어할 사람은 아무도 없다. 그러나 독자가 거기에 가 서 있게 된다면 건강에 심각한 피해를 입을 게 확실하다. 절대 온도로 3켈빈이라는 상상 불가의 극저온 상황은 잠시 무시하기로 하자. 진공과 같은 대기 부재의 상황에서 질식하게 된다든가 혈액 세포들이 모조리 터져 버리는 위험 따위도 모른 체하자. 이런 종류의 위험은 충분히 예상했던 바다. 하지만 은하간 공간은 전하를 띤 아원자 입자들이 상상을 초월할 정도로 높은 에너지를 가지고, 광속에 육박하는 초고속으로 사방팔방 내닫는 곳이다. 이런 고에너지의 입자를 우리는 우주선(cosmic ray), 또는 우주선 입자라 부른다. 우주선 중 최고의 에너지를 갖는 입자는, 지상 최대 입자 가속기로 구현할 수 있는 것의 1억 배에 이르는 상상불허의 에너지로 은하간 공간을 질주한다. 우주선의 기원은 아직 미지와 신비의 늪이다. 전하를 띤 이 우주선 입자들의 거의 대부분이 양성자, 즉 수소의 원자핵인데 광속의 99.9999999999999999999퍼센트에 이르는 속력으로 달린다. 그린 어디에 올려놓은 골프공이든 이 정도의 에너지를 갖는 아원자 입자와 충돌한다면 골프 컵까지 날아가는 데 아무런 부족함이 없다.

은하들 사이 시공간의 진공에서 우리가 마주치게 되는 가장 기묘한 현상을 꼽으라면, 아마도 가상 입자(virtual particle)들이 씩씩거리는 '대양'의 존재가 아닌가 한다. 검출이 불가능한 물질 입자와 반물질 입자의 쌍들이 자신의 화를 이겨 내지 못하고 나타났다 사라지기를 여기저기에서 반복한다. 양자 물리학의 예측에서 비롯한 이 신비한 현상에 우리는 '진공 에너지(vacuum energy)'라는 다소 모순적인 이름을 붙여 줬다. 진공 에너지는, 중력의 반대 방향으로 작용하는 압력으로 자신의 존재를 과시한다. 여기서 우리는 물질 부재의 상황에서 작동하는 압력이란 특이성에 주목할 필요가 있다. 우주의 가속 팽창과 암흑 에너지의 현현 등이 우리에게 던진 수수께끼를 풀 실마리를 진공 에너지가 갖고 있지 않을까 한다.

그렇다. 은하간 공간이야말로 온갖 종류의 신비 현상이 벌어지는 현장인 것이다.

# 5
# 암흑 물질

\*

\*
\*

자연을 지배하는 기본 힘 중에서 우리에게 가장 친숙한 것이 중력이 지만, 중력이 작동한 결과로 나타나는 우주적 현상들에는 우리가 잘 이해할 수 있는 게 있는가 하면 우리의 이해를 거부하는 현상도 많 다. 우선 중력의 원격 작용(action-at-a-distance)이 그렇다. 중력의 원격 작용 원리를 밝혀내는 데 인류 문명사에 가장 큰 족적을 남긴 아이작 뉴턴의 천재성이 필요했다. 물질이 있기만 하면 거기에서 비롯하는 중력이 해당 물질과 직접 접촉하지도 않고 멀리 떨어진 지점에까지 그 영향을 미친다. 이 사실과 함께 뉴턴은 두 물체 사이에 작용하는 중력의 세기를 아주 간단한 수식 하나로 기술할 수 있었다.

지난 세기에 와서 인류는 알베르트 아인슈타인이란 또 한 명의 천재를 만나는 행운을 맞게 된다. 그는 뉴턴이 밝힌 원격 작용의 정 체를 물질-에너지 조합이 불러온 시공간의 휘어짐에서 비롯하는 것 으로 기술할 수 있었다. 여기서 물질과 에너지의 조합이란, 아인슈타인의 저 유명한 '물질＝에너지'의 등가 원리에 근거한 개념이다. 아인슈타인은 중력의 정체를 좀 더 정확하게 기술하려면 뉴턴의 이론을 수정할 필요가 있다고 입증했다. 예를 들어, 빛이 거대한 질량을 갖는 천체의 곁을 지날 때 그 진행 방향이 얼마나 휘어지는지를 정확히 예측하려면 아인슈타인의 중력 이론이 필요하다. 아인슈타인의 방정식들이 뉴턴의 방정식보다 훨씬 더 많은 상상력을 자극하는 것처럼 보이지만, 그렇다고 해서 아인슈타인의 방정식이 다루는 물질이 특별히 이상한 성질의 것일 필요는 없다. 아인슈타인의 이론은 우리가 잘 알고 또 좋아하는 물질을 그대로 수용한다. 우리가 보고, 만지고, 느끼며, 때로 맛보기까지 하는 바로 그 통상 물질들 말이다.

세상의 얼개를 이해하는 데 결정적 기여를 한 천재 열전에서 다음 장(章)을 차지할 인물이 누가 될지 모르지만, 누군가 빨리 나타나서 중력의 신비를 풀어 주기 바란다. 우리는 한 세기 가까이 천재의 출현을 목마르게 기다려 왔다. 우주에서 측정되는 중력의 85퍼센트가, 앞에서 얘기한 '우리의' 물질과 에너지와는 아무런 상호 작용도 하지 않는 미지의 물체에서 비롯한다. 이 물체의 정체를 밝히는 일이 현대 천체 물리학의 최대 관심사다. 어쩌면 초과 중력으로 측정되는 중력은 물질이나 에너지에서 비롯한 게 아니라, 전혀 새로운 개념의 그 무엇에 의한 것일지 모를 일이다. 현재 우리는 이 난제를 해결할 그 어떤 실마리도 갖고 있지 않다. 스위스 태생 미국 천문학자 프리츠 츠비키가 소위 '잃어버린 질량(missing mass)'의 존재를 최초로 확실하게 입증한 1937년 상황에서 조금도 달라진 게 없다. 미국 캘리포니아 공과 대학에서 40년 이상 교수로 봉직하는 동안 츠비키는 우주에 관한 여러 가지 문제의 핵심을 찌르는 자신만의 직관을 현란한 수사를 동원해 멋들어지게 설명하곤 했다. 동시에 그는 동료 과학자들을 자기 반대편에 서게 하는 데 남다른 '능력'을 보여 줬지만 말이다.

츠비키는 '코마 은하단'을 구성하는 수많은 은하들 중 몇몇의 운동을 면밀히 조사한 적이 있다. 우리 은하에서 머리털자리 방향으로 3억 광년 떨어진 곳에 수천 개의 은하들이 한 군데 밀집해 있다. 이 은하 무리를 머리털자리 은하단이라 명명해야겠지만 천문학자들은 그냥 '코마 은하단' 또는 짧게 '코마'라 부른다. 머리털자리의 학명이 코마 베르니케스(Coma Bernices)인 탓이다. 여기서 코마는 머리털을 의미하고 베르니케는 고대 이집트 여왕의 이름이다. 밤하늘에서 베르니케 여왕의 머리털을 그려 내는 별들은 우리 은하 내부에 있는 별들이다. 수천 개의 은하가 이 은하단의 중심을 중심으로 크고 작은 궤도를 따라 운동하는데, 그 궤도면이 하늘의 전 방향에 걸쳐 고르게 분포한다. 그러므로 은하 하나를 벌 한 마리에 비유할 경우 은하단은 벌집 주위에 몰려 있는 벌떼를 연상하면 된다.

츠비키가 한 일은 코마 은하단에서 수십 개의 은하를 선별해 이들의 궤도 운동 속도를 측정하고 수많은 은하들을 하나의 집단으로 묶어 둘 수 있는 중력장의 세기를 추정한 것이다. 그 결과가 놀라웠다. 선별된 은하들의 평균 속력이 예상외로 빨랐다. 이렇게 고속으로 움직이는 은하들을 멀리 달아나지 못하게 은하단 안에 묶어 두려면 은하단의 중력장이 그만큼 막강해야 한다. 중력장이 그렇게 강력하다면 그 질량 역시 어마어마해야만 했다. 과연 코마 은하단이 그렇게 큰 질량을 갖고 있을까? 츠비키는, 망원경에 자신의 존재를 확실히 드러내는 은하의 질량을 하나씩 다 더해서 은하단의 전체 질량을 계산해 봤다. 비록 코마 은하단이 우주에서 겉으로 보기에 덩치가 가장 크고 질량 역시 최대 규모의 은하단이긴 하지만, 관측 가능한 가시 은하들의 질량을 모두 더한 것만으로는 츠비키가 측정한 몇몇 은하의 실제 고속 궤도 운동을 설명하기엔 태부족이었다.

얼마나 부족하기에 '태부족'이란 표현까지 썼을까? 아니 태부족이란 표현마저, 난감한 상황을 제대로 전하기엔 역부족이었다. 아, 그렇다면 우리가 알고 있는 중력의 법칙에 뭔가 하자가 있는 건 아닐까? 뉴턴의 중력 법칙이 우리 태양계 내부 천체들의 운동을 기술하는 데 아무런 문제가 없었는데도 말이다. 예를 들면 이렇다. 태양으로부터 적당히 떨어진 행성이 태양으로 곤두박질을 하지 않으려면, 또 해당 궤도에서 좀 더 큰 궤도로 움직여 나가지도 않으려면, 그 행성이 해당 위치에서 얼마나 빠른 속력으로 궤도 운동을 해야 하는지를 우리는 뉴턴의 중력 법칙을 이용해 정확하게 계산할 수 있다. 또 지구의 궤도 운동 속력을 현재 값의 $\sqrt{2}$ (=1.4142…)배 이상으로 증가시키면 지구가 소위 '탈출 속력'을 얻어 태양의 중력 속박을 이겨내 태양계를 영영 벗어나 멀리 달아날 수 있다.

5 암흑 물질

똑같은 논지가 태양계보다 월등히 큰 우리 은하의 상황에서도 그대로 성립한다. 행성과 태양의 상호 작용의 경우 실질적으로 태양의 중력만 따지면 됐다. 은하의 경우 차이가 있다면, 그것은 별 하나의 운동이 은하를 이루는 별들 개개에서 비롯하는 중력을 총체적으로 고려해야 한다는 점이다. 은하단의 경우에도 마찬가지다. 은하 하나의 운동이 은하단 내 여타의 은하들 각각이 미치는 중력의 총체적 영향에 따라 결정된다. 어느 날 아인슈타인이 수식으로 빼곡한 자신의 노트 한 귀퉁이에 압운시(押韻詩) 한 편을 적어 놓았다. 뉴턴을 흠모하는 심경으로 쓴 시였다. 독일어 원문이 여기 적은 내 영어 번역문보다 훨씬 더 멋진 운율로 독자의 가슴과 귀를 울렸을 것이다.*

Look unto the stars to teach us
How the master's thoughts can reach us
Each one follows Newton's math
Silently along its path.

하늘의 별들 우러러 가르쳐 달라 졸랐지

* 아인슈타인의 육필로 적혀 있었다. Károly Simonyi, *A Cultural History of Physics* (Boca Raton, FL: CRC Press, 2012)에서 인용했다. (독일어 원문은 다음과 같다. "Seht die Sterne, die da lehren / Wie man soll den Meister ehren / Jeder folgt nach Newtons Plan / Ewig schweigend seiner Bahn." — 옮긴이)

조물주의 생각들이 어떻게 우리에게 도달하는지를

그의 뜻 하나하나가 뉴턴의 수식을 따라

소리 없이 제 길을 밟으며 우리에게 왔지.

코마 은하단을 대상으로 1930년대 츠비키가 수행했던 관측을 오늘 우리가 다시 해 봐도 구성 은하들이 은하단에서의 탈출 속력보다 더 빠르게 움직이고 있음을 알 수 있다. 이때 탈출 속력이란 코마 은하단에서 빛으로 자신의 존재를 드러내는 은하들의 총 질량을 은하단의 실제 질량으로 간주하고 계산한 값이다. 구성 은하들이 이렇게 계산된 탈출 속력보다 빠르게 움직이고 있다면, 코마 은하단은 수억 년 안에 풍비박산해 껍데기만 남을 것이다. 그런데 코마 은하단의 나이는 100억 년 이상으로 우주의 나이와 엇비슷한 것으로 알려져 있다. 그렇다면 우리의 추론에 뭔가 잘못이 있었음에 틀림이 없다. 현대 천체 물리학에서 가장 오랫동안 풀리지 않고 남아 있는 난제 중 난제가 이렇게 해서 우리 곁에 오게 된 것이다.

츠비키의 연구가 발표된 이래 수십 년 동안 같은 성격의 문제가 코마 은하단 이외의 은하단들에서도 속속 드러났다. 그러므로 이 이상한 현상의 원인을 코마 은하단만의 문제로 돌릴 수도 없게 됐다. 그렇다면 도대체 무엇이 잘못됐단 말인가, 아니면 누구의 탓으로 돌려야 하나? 뉴턴? 그렇지는 않을 것이다. 뉴턴의 이론은 지난 250년 동안 온갖 테스트를 훌륭하게 견뎌 내지 않았던가. 그렇다면 아인슈

5 암흑 물질

타인? 결코 그럴 수도 없다. 은하단이 자아내는 중력의 세기가 엄청나게 강력하다 하더라도, 츠비키 자신이 이 연구를 하던 당시 겨우 20여 년밖에 안 된 일반 상대성 이론을 동원해야 할 정도로 강하기에는 턱없이 약하기 때문이다. 코마 은하단의 해체를 막을 '잃어버린 질량'이 어쩌면 실재하지 않을 수 있다. 코마 은하단에 더 많은 은하들이 관측 불가능한 형태로 존재할지도 모른다. 왜 관측 불가능한지 아직 모를 뿐이다. 그러므로 오늘날 학계에서는 '잃어버린 질량'이란 표현 대신 '암흑 물질'이란 이름으로 이 정체불명의 물질을 지칭한다. 은하단에서 사라진 물질이 아니라, 직접 관측에 걸리지 않는 형태로 존재하면서 발견되기를 기다리는 물질이라는 뜻에서다.

정체불명의 암흑 물질이 은하단에 존재한다고 받아들일 수밖에 없게 됐을 당시의 상황이 개별 은하에서도 전개되기 시작했다. 암흑 물질이 보이지 않는 자신의 머리를 슬그머니 은하에도 들이밀었던 것이다. 츠비키가 처음 보여 준 은하단의 유추 질량과 가시 질량의 엄청난 차이가 나선 은하에도 존재한다는 사실이 1976년에 밝혀졌다. 2016년에 별세한 베라 루빈 박사에 의해서였다. 당시 카네기 연구소 소속의 연구원이었던 루빈은 은하 중심을 회전 중심으로 하는 별들의 회전 속력이 은하 중심으로부터의 거리에 따라 어떻게 변하는지를 조사했다. 루빈이 찾아낸 결과는 일단 예상했던 대로였다. 은하 중심에서 멀어질수록 별들은 점점 더 빠른 속력으로 은하 중심 주위를 회전했다. 은하 중심에서 멀리 떨어져 있는 별일수록 자신의 궤도와 은하 중심 사이에 자리하는 별과 기체 물질의 총 질량이 점점 증가하기 때문이다. 따라서 중심에서 멀어질수록 별들의 속력이 빨라지는 건 충분히 이해할 만하다. 그렇지만 은하 원반의 밝은 부분을 벗어나 더 멀리 나가면서 중심 거리에 따른 회전 속력의 변화가 이해하기 어려운 양상을 보이기 시작했다. 빛으로 직접 관측이 가능할 정도로 밝은 은반 바깥에도 그 수효가 많지는 않지만 여기저기 홀로 떨어져 존재하는 기체 구름과 낱별 들을 알아볼 수 있다. 이들을 추적자로 활용하면 은하의 발광 원반 바깥쪽에서도 중력장을 탐사할 수 있다. 빛을 내는 구역을 벗어나면 더 이상 물질이 분포하지 않을 터이므로 중심에서 멀어질수록 회전 속력이 감소해야 한다. 그런데 관측 결과는 우리의 예상을 뒤엎는 것이었다. 회전 속력이 일정 수준으로 유지되고 있었다.

중심에서 이 정도로 멀리 떨어진 은하의 변방이라면 물질이라곤 찾아볼 수 없는 텅 빈 공간일 것이다. 그럼에도 그 지역에 있는 몇 안 되는 추적자들(천체들)이 비정상적으로 빨리 회전하고 있었다. 이 관측적 사실 앞에서 학계는 난감해질 수밖에 없었다. 하지만 루빈은 자신의 관측 결과를 올바르게 해석했다. 은하의 외진 변방에도 빛으로 자신의 존재를 직접 드러내지 않는 이상한 물질, 즉 암흑 물질이 존재한다고 추론했던 것이다. 나선 은하마다 휘황하게 빛을 내는 가시 은반의 끄트머리 저 너머에도 모종의 물질이 존재해야만 한다고 말이다. 루빈의 연구에서 드러난 이해 불가의 물질이 존재하는 이 지역을 오늘날 우리는 '암흑 물질 헤일로(dark matter halo)'라고 부른다.

암흑 물질 헤일로의 문제가 바로 코앞이라 할 우리 은하에도 있었던 것이다. 가시 물질을 모조리 더한 질량과 회전 속력에서 유추되는 물질의 총 질량 사이에 큰 차이가 있지만, 은하는 은하들마다 또 은하단은 은하단대로 그 차이의 정도가 각기 다르다. 적게는 서너 배에서 극단적인 경우 수백 배의 불일치를 보인다. 전 우주에 걸친 평균을 구해 보면 대략 여섯 배가 된다. 즉 전 우주 규모에서 암흑 물질이 자아내는 중력의 세기가 가시 물질의 총합에서 비롯한 중력의 여섯 배나 된다는 뜻이다.

이 신비한 물질의 정체를 규명하기 위한 연구가 그동안 많이 이뤄져 왔다. 우리에게 익숙한 통상 물질이지만, 발광 효율이 특별히 떨어진다든가, 아니면 전혀 빛을 내지 못하는 상황에 있기 때문에 관측에 걸리지 않는다고 상정할 수 있겠다. 하지만 이러한 제안은 두 가닥의 추론을 통해 받아들여질 수 없는 꿈수에 불과함이 밝혀졌다. 경찰이 수사선상에 오른 범죄 용의자들을 하나씩 제거해 가듯, 암흑 물질의 후보를 하나씩 떠올려 조사해 보기로 하자. 예를 들어 우선 블랙홀로 하여금 저광도의 상황을 마련케 하겠다는 생각부터 따져보자. 우리에게 익숙한 통상 물질이지만 블랙홀 안에 들어 있기 때문에 빛을 방출할 수 없게 된 것은 아닐까? 결코 그런 물질로 암흑 물질을 설명할 수는 없다. 블랙홀이 주위 별들에 미치는 중력적 영향을 조사하면 블랙홀의 질량을 측정할 수 있는데, 암흑 물질이 요구하는 만큼의 질량을 블랙홀로 다 충당하기에는 블랙홀들이 턱없이 부족하기 때문이다. 그렇다면 암흑 성간운은 어떨까? 이 또한 되지 않을 발상이다. 왜냐하면 암흑 성간운을 구성하는 물질은 배경에서 오는 별빛을 흡수하거나 산란하는 식으로 빛과 상호 작용을 하지만, 암흑 물질은 빛과 상호 작용을 전혀 하지 않기 때문이다. 그렇다면 성간 또는 은하간 공간에 존재할지 모르는 붉은 행성, 소행성, 혜성 등이 해결의 열쇠를 쥐고 있는 건 아닐까? 이러한 천체들은 스스로 빛을 내지 못하고 주위 별들의 빛을 받아 반사할 뿐이다. 하지만 이 경우에도 별의 여섯 배나 되는 물질이 행성에 묶여 있을 리는 없다. 태양의 질량이, 행성 중 가장 거대하다는 목성의 1,000배나 된다는 사실을 고려하면, 별 하나에 목성 규모의 행성이 6,000개나 따라붙어야 암흑 물질의 문제를 행성으로 해결할 수 있다. 한 걸음 더 나아가 질량이 목성 질량의 300분의 1도 안 되는 지구 규모의 행성으로 암흑 물질을 충당하려면 은하에 존재하는 별마다 200만 개의 지구가 딸려 있어야 한다. 우리 태양계에서 태양을 제외한 대소 천체들의 질량을 모두 합해도 태양의 0.2퍼센트에 못 미친다. 통상 물질에 근거한 그 어떤 꼼수로도 필요한 암흑 물질의 양을 다 충당할 수 없다.

불가사의한 존재지만 암흑 물질의 '암흑성(暗黑性)'을 우주에 현존하는 수소와 헬륨의 상대 함량비에서도 유추해 볼 수 있다. 가장 간단한 두 원소인 수소와 헬륨의 함량비가 초기 우주의 상황을 알려주는 지문이다. 대폭발이 있은 지 몇 분이 지났을 즈음 초기 우주에

5 암흑 물질

서 일어난 핵합성 반응의 결과에서 비롯한 우주의 물질 조성은 헬륨한 개에 수소 열 개가 대응되는 식의 배합이었다. 여기서 수소란 물론 양성자를 일컫는다. 이론적 계산에 따를 것 같으면, 암흑 물질의 대부분이 핵합성 반응에 관여했다면 헬륨 대 수소의 함량비가 1 대 10을 훨씬 상회했을 것이라고 한다. 다시 말해 우주 물질의 대부분이 초기 우주에서 일어난 핵합성 반응에 전혀 참여하지 않았다는 결론이다. 사실 이 결론 하나만 놓고 보더라도 암흑 물질이 우리가 아는 물질과 근본적으로 다른 특성의 것임을 알 수 있다. 통상 물질이라면 원자와 원자핵의 상호 작용에 참여해 오늘 우리가 알고 있는 물질계를 이뤘어야 한다. 수소와 헬륨 함량의 상대비뿐 아니라 우주 배경 복사의 고분해능 관측 결과에서도 우리는 암흑 물질이 핵합성 반응에 전혀 참여하지 않는다는 사실을 입증할 수 있다. 원자와 원자핵들 사이에 작용하는 힘의 영향으로 오늘날 우리가 알고 있는 물질계의 가장 핵심적인 속성이 갖춰졌다. 우주 배경 복사의 고분해능 관측 결과를 통해서도 우리는 앞의 두 가지 추론의 결과를 다시 확인할 수 있다. 한마디로 암흑 물질은 핵합성과는 무관한 존재이다.

그러므로 암흑 물질은 단순히 색깔이 검은 물질이 아니다. 우리에게 익숙한 물질과는 근본적으로 다른 속성의 물질인 것이다. 한 가지 확실한 건, 암흑 물질도 통상 물질과 같이 중력을 자아내고 중력의 영향은 받는다는 사실이다. 중력에 관한 한, 암흑 물질도 통상 물질에 의한 중력 작용을 기술하는 원리를 그대로 따라 행동한다. 암흑 물질은 중력 이외에는 그 어떤 방식으로도 자신의 존재를 드러내지 않는다. 암흑 물질이 무엇인지 모르면서 하는 이런 식의 분석에는 한계가 따르기 마련이다. 암흑 물질이든 통상 물질이든 질량이 중력을 결정한다면, 모든 중력이 질량의 뒷받침에서 비롯한다고 해도 좋은가? 우리는 이 질문에 대한 답을 모른다. 사실 물질에는 아무런 잘못도 없다. 잘못이 있다면 중력의 실체를 충분히 이해하지 못하고 있는 우리에게 있을 것이다.

*

어떤 천체에 존재하는 통상 물질과 암흑 물질의 질량비는 천체 물리학적 환경에 따라 크게 다르다. 하지만 그 차이는 은하와 은하단 같은 거대 천체에서 더욱 두드러지게 나타난다. 행성이나 위성 규모의 작은 천체에서는 아무런 차이를 볼 수 없다. 예를 들어 지구의 표면 중력은 전적으로 우리가 딛고 서 있는 물질에 의해서 결정된다. 그러니까 당신의 과체중을 암흑 물질의 탓으로 돌려서는 안 된다. 달의 지구 주위 궤도 운동에도 암흑 물질의 영향을 찾아볼 수 없다. 그뿐 아니라 행성들의 태양 주위 운동에서도 우리는 암흑 물질의 존재를 전혀 감지할 수 없다. 하지만 은하 중심을 도는 별들의 회전 속력을 설명하려면 암흑 물질의 존재를 인정해야만 한다.

그렇다면 은하 규모의 거시 세계에서는 우리가 통상적으로 알고 있는 중력과는 다른, 모종의 법칙의 지배를 받는 힘이 작용하는 건 아닐까 의심할 수 있다. 그러나 결코 그럴 수는 없을 것이다. 중력 법칙을 수정하는 데서 답을 찾기보다 아직 정체가 밝혀지지 않았지만 확실히 질량을 갖는 암흑 물질의 존재에서 그 답을 찾아야 할 것이다. 암흑 물질은 통상 물질보다 더 광범위한 영역에 걸쳐 엷게 그리고 넓게 분포하는 특성을 갖는다. 그렇지 않다면 우주 여기저기에서 암흑 물질의 멍울진 덩어리 구조들을 볼 수 있어야 할 것이다. 예를 들자면, 암흑 물질로 만들어진 혜성, 암흑 물질로 이뤄진 행성, 암흑 물질이 모인 은하 등을 기대할 수 있다. 하지만 아직까지 우리는 암흑 물질로 빚어진 덩어리 구조물을 찾지 못했다.

그러나 한 가지 확실한 건, 우주 구성 천체로서 우리가 좋아하는 별, 행성, 생명 등은 우주라는 거대한 케이크의 겉을 장식하는 지극히 얇은 프로스팅에 불과하다는 사실이다. 우주라는 대양에 얌전하게 떠 있는 보잘것없는 부표가 별이며 행성이며 생명이란 말이다.

＊

대폭발 이후 현재까지 140억 년이라는 장구한 세월에 비하면 초기 50만 년은 눈 깜짝할 찰나에 불과하겠지만, 이 시기에 우주를 구성하는 통상 물질이 장차 은하단이나 초은하단으로 성장할 덩어리들로 뭉치기 시작했다. 다시 50만 년이 더 지나는 동안 우주는 2배로 팽창했다. 그 후에도 우주는 계속 팽창했다. 우주에서는 두 가지 상충 관계의 효과가 동시에 나타났다. 중력은 물질을 한데 모아 고밀도의 물질 덩어리를 만들려 하는 데 반해서 우주의 팽창은 물질의 밀도를 희박하게 묽히는 쪽으로 몰아 간다. 간단한 계산을 통해 우리는 통상 물질이 자아내는 중력만으로는 우주 팽창이 야기하는 효과를 상쇄할 길이 없음을 알 수 있다. 암흑 물질의 도움이 없었다면 우리는 그 어떤 구조물도 찾아볼 수 없는 우주에서 살고 있었을 것이다. 아니 이 말은 틀렸다. 암흑 물질이 없었다면 은하단, 은하, 별, 행성 들이 만들어질 수 없었을 테니 지구 행성에 붙어살게 마련인 우리 같은 존재는 상정조차 하기 어렵기 때문이다.

　도대체 암흑 물질이 자아낸 중력이 얼마나 세단 말인가. 통상 물질이 내는 중력의 여섯 배라고 앞에서 얘기했다. 그러니까 관측을 통해 우리가 추정한 딱 그만큼의 암흑 물질이 필요한 것이다. 그렇다고 해서 암흑 물질의 정체가 규명된 것은 아니다. 암흑 물질이 야기한 효과라고 우리가 부여한 추가 중력이 실제일 뿐 아니라 통상 물질로는 필요한 세기의 중력을 다 충당할 길이 없음이 확인됐을 뿐이다.

＊

그렇다면 암흑 물질은 우리를 선의로 대해 주는 '친구'이며 동시에 우리를 골탕 먹이는 '훼방꾼'이기도 하다. 아직 우리는 암흑 물질의 정체에 관한 어떤 해결의 실마리도 갖고 있지 않다. 그럼에도 암흑 물질은 우리에게 절실한 존재이다. 우주에서 관측되는 중력과 관련된 현상을 정량적으로 기술하려면 암흑 물질의 존재를 받아들일 수밖에 없기 때문이다. 과학자들은 제대로 이해하지 못하는 개념을 근거로 뭔가를 계산하고 그럴듯하게 꿰어 맞춘다는 데 거부 반응을 보인다. 하지만 그럴 수밖에 없다면 용기를 내어 그 개념을 받아들이곤 한다. 좋은 예를 우리는 태양 에너지가 핵융합 반응에서 비롯한다고 추론하던 과정에서 만날 수 있다. 그러니까 핵융합 반응의 정체가 알려지지 않았을 당시, 천체 물리학자들은 지구에서 일어나는 계절과 기상의 변화 등을 태양의 밝기로 설명하려면 태양 한가운데에 뭔가 원자 수준의 변화에서 비롯하는 에너지원이 존재해야만 한다고 추론하고 이를 받아들였던 것이다. 19세기 초였다. 당시를 돌아보면 절로 웃음이 나오는 제안들이 펼쳐지기도 했다. 태양이 거대한 석탄 덩어리라는 주장도 있었다. 석탄을 태워 태양의 밝기를 충당코자 했던 것이다. 그뿐이 아니다. 19세기에 있었던 또 다른 예다. 별을 분광 관측해 스펙트럼을 찍어 보고 거기에 나타나는 각종 흡수선과 방출선 들의 상대적 세기를 분류의 기준으로 삼으면, 수도 없이 많은 별들이 단 몇 가지의 종류로 분류될 수 있음을 알아냈다. 그러나 스펙트럼선이 만들어지는 과정 자체를 이해하는 데 필요한 양자 물리학이 천체 물리학에 실제로 도입된 건 20세기 초반에 와서였다.

　　의심의 눈길은 언제나 우리 곁에서 서성인다. 오늘의 암흑 물질

문제는, 지금은 용도 폐기된 지 오래지만 19세기 '에테르'가 불러일으켰던 논쟁에 비유되기도 한다. 에테르란 이름의 무게가 나가지 않는 투명한 매질이 진공을 채우고 있어야 빛이라는 전파(電波), 즉 전자기 파동이 그 안을 전파(傳播)해 갈 수 있다고 믿었던 것이다. 하지만 이런 믿음은 1887년 미국 오하이오 주 클리블랜드 소재 케이스 웨스턴 리저브 대학교의 앨버트 마이컬슨과 에드워드 몰리가 수행한 실험으로 결국 깨지고 만다. 에테르의 존재를 지지하는 직접적인 증거가 전혀 없었음에도 이 실험이 있기까지 과학자들은 공간을 에테르가 가득 채우고 있다고 믿었다. 빛도 파동의 일종으로서 에너지를 전파하려면 반드시 매질이 필요하다는 신념에서였다. 음파가 전파되는 데 공기나 여타의 매질이 필요하듯이 말이다. 그런데 알고 보니까 빛은 아무것도 없는 진공을 내달리는 특이한 파동이었다. 소리는 작은 진폭의 물질 진동이므로 공기와 같은 매질이 없으면 전파될 수 없다. 그러나 빛은 다른 무엇의 도움 없이 스스로 퍼져 나간다. 이 점에서 빛은 소리와 근본적으로 다른 파동이다.

암흑 물질에 관한 우리의 무지는 에테르를 상정할 때의 무지와는 그 근본이 다르다. 에테르는 현상 자체에 대한 우리의 불완전한 이해에서 비롯된 상상의 소산이었다. 이에 반해 암흑 물질이 존재한다는 사실은, 암흑 물질이 자아내는 중력이 가시 물질에 미치는 영향을 구체적으로 측정한 결과에서 추론해 낸 합리적 결론이다. 다시 말해서 암흑 물질은 우리가 상상해 낸 발명품이 아니라, 관측 사실에

5 암흑 물질

서 논리적으로 유추된 실체다. 태양이 아닌 일부 다른 별들 주위에도 행성이 돌고 있다는 사실을 그 행성을 직접 관측해서 알아낸 게 아닌 경우가 많다. 특히 외계 행성의 초기 발견은 대부분 중심별의 스펙트럼을 관측해서 그 스펙트럼선의 파장이 주기적으로 변화하는 것을 면밀하게 추적해서 유추해 낸 결과였다. 외계 행성이 중심별에 주는 중력 효과를 관측해 행성의 존재를 알아냈다는 말이다. 암흑 물질의 존재도 암흑 물질이 가시 물질에 주는 중력 효과를 바탕으로 유추했고, 과학자들은 이 결과를 사실로 받아들였던 것이다.

  암흑 물질이 물질이 아니라 물질 이외의 그 무엇이라고 판명되는 극단적인 경우를 상정할 수 있다. 어쩌면 다른 차원(次元)에서 작용하는 힘들의 효과를 우리가 보고 있는 것일지도 모른다. 우리 우주와 인접한 유령 우주를 감싼 막(膜)을 가로지르는 어떤 물질이 자아내는 통상적인 중력의 변형된 효과를 우리는 중력이라고 느끼고 있는 것일지도 모른다. 만약 이런 추측이 사실이라면 암흑 물질은 다중 우주를 구성하는 수많은 잡동사니 중 하나일 수 있겠다. 이런 종류의 발상에 색다른 측면이 있기는 하지만 쉽게 받아들여지지는 않는다. 그렇다고 해서 그냥 집어던질 사안의 것도 아니다. 생각해 보라. 지구가 태양 주위를 돌고 있다는 이론이 처음 제안되었을 당시 지구인이 감내해야 했던 지적 충격 말이다. 태양이 은하 안에 있는 1000억 개의 별들 중 그저 평범한 하나의 별이라는 사실이 알려졌을 때 사람들의 반응이 또 어떠했는지 한번 돌아보기 바란다. 한 걸음 더 나아가 우리 은하도 우주를 구성하는 수천억 개에 이르는 은하들 중 보잘 것없는 하나에 불과하다는 사실이 처음 알려졌을 당시, 사람들이 감당해야 했던 지적 충격은 정말 대단했다.

앞에서 얘기한 기상천외의 제안들 중 어느 하나가 현실로 판명된다고 하더라도, 그것이 우주의 생성과 진화를 이해하는 데 꼭 필요한 방정식에 들어가 제 역할을 성공적으로 해낸 암흑 물질의 중력을 대체하지는 못할 것이다.

그럼에도 의심의 눈초리를 거두지 못하는 이들은 '백문불여일견(百聞不如一見)'이라는 오랜 지혜를 무시하지 말자고 경고한다. 물론 그렇다. 우리가 살아가는 데 있어서 다른 많은 분야에서는 '100번 듣는 것보다 한 번 보는 게 낫다.'라는 태도가 누구나 받아들이는 삶의 지혜일지 싶다. 기계 공학, 낚시, 어쩌면 데이트에서조차 이 지혜는 마찬가지로 유효하다. 거창하게 분야를 논할 것까지도 없다. 이 점은, 예를 들어 미주리 주나 알래스카 주에 거주하는 이들 사이에서도 똑같이 유효한 삶의 지혜임에 틀림이 없다. 하지만 과학에서만은 백문불여일견의 지혜가 언제나 큰 위력을 발휘하는 건 아니다. 과학에서는 그저 보이는 것만이 다가 아니기 때문이다. 과학에서는 정량적 측정을 해야 한다. 그것도 관측자의 육안에만 의존하지 말아야 한다. 육안 관측이란, 어쩔 수 없이 뇌와 공모해 우리 자신을 속이기 마련이다. 이 과정에는 선험적 아이디어, 후험적 이해, 심지어 극단적 편견이 판단을 왕왕 그르치게 할 위험이 따른다.

*

지난 75여 년 동안 직접 검출을 거부해 온 암흑 물질은 오늘날에도 우주론의 핵심 난제로 남아 있다. 암흑 물질이 아직 발견되지 않은 모종의 기본 입자로 구성돼 있다고 생각하는 입자 물리학자들이 있다. 암흑 물질을 구성하는 이러한 입자들이 물질과는 중력으로 상호 작용을 하지만 빛과는 극히 미약하게 작용하거나 아니면 전혀 작용하지 않는다고 믿는다. 미지의 기본 입자에 베팅을 해도 좋을 것이다. 세계 여기저기에서 초대형 입자 가속기를 이용해 숱하게 많은 입자들을 충돌시켜 암흑 물질 입자를 만들어 보려는 실험들이 현재 활발하게 진행 중이다. 암흑 물질을 구성하고 있을지 모르는 입자를 검출할 목적으로 특별히 설계된 거대한 실험 시설들이 지하 깊숙한 곳에서 부지런히 작동하고 있다. 우주에서 어쩌다 흘러들지 모르는 암흑 물질을 건져 보자는 생각에서 고안된 시설이다. 왜 하필 지하 깊숙한 곳인가? 우리가 이미 알고 있는 우주선 입자들이 암흑 물질 검출기를 때려서 가짜 신호를 만들어 내는 상황을 피하기 위해서다. 입자 충돌로 암흑 물질 입자의 생성을 도모하는 것이 적극적인 검출 방안이라면, 지하 시설에서의 실험은 수동적 검출 방법이다.

어쩌면 이 모든 소동이 허사로 끝날 수 있겠지만, 검출이 극도로 어려운 암흑 물질의 경우라면 우리가 이만한 소동을 벌일 만도 하다. 중성미자라는 좋은 선례가 있기 때문이다. 중성미자는 그 존재가 이론적으로 예측됐지만 실제로 발견되기까지는 오랜 세월에 걸친 실험이 필요했다. 중성미자는 통상 물질과 극도로 미약한 상호 작용을 하는 입자임에도 불구하고 결국 검출됐다. 태양에서는 엄청나게 많은 양의 중성미자가 쏟아져 나온다. 핵융합 반응이 일어나는 태양 중심부에서 수소 네 개가 융합해 헬륨 하나가 만들어질 때마다 중성미자가 두 개씩 생성된다. 이렇게 태어난 중성미자들은 태양 내부를 무사 통과해서 거의 진공인 행성간 공간을 광속으로 달리면서 지구 따위는 존재하지도 않는다는 듯이 그대로 관통해 버린다. 계산을 해 보면 이렇다. 잠시도 쉬지 않고 태양에서 나오는 중성미자는 우리 몸 1세제곱인치, 즉 2.5센티미터×2.5센티미터×2.5센티미터의 부피를 1초에 1000억 개씩 관통한다. 그럼에도 우리 몸을 이루는 분자에 아무런 흔적도 남겨 놓지 않는다. 이 정도로 잡아내기 어려운 게 중성미자다. 하지만 특별한 상황에서는 중성미자의 진행을 인위적으로 멈출 수 있다. 일단 멈출 수 있다면 검출은 문제가 아니다.

암흑 물질 입자들도 중성미자와 마찬가지로 매우 드문 상호 작용을 통해 자신의 존재를 드러낼지 모른다. 한 차원 달리 생각해 보면 중성미자가 강한 핵력, 약한 핵력, 전자기력 이외의 기상천외한 힘을 통해 자신의 존재를 드러낼 수도 있다. 이 세 가지에 중력을 더한 네 가지 힘이 우주를 지배하는 기본 힘이다. 현재까지 알려진 모든 입자들은 이 네 가지 힘을 매개로 상호 작용을 한다. 암흑 물질 입자들이 아직 정체가 밝혀지지 않은 힘을 통해 상호 작용을 한다면,

우리는 그 새로운 종류의 힘 또는 힘들이 발견되거나 제어될 수 있을 때까지 기다려야 할지 모른다. 또 이렇게 생각해 볼 수 있다. 암흑 물질이 통상의 힘들과 상호 작용은 하지만 그 세기가 우리가 상상하지 못할 정도로 미약할 수도 있다.

아무튼 암흑 물질이 주는 효과가 허구가 아니라 실제임은 확실하다. 다만 암흑 물질을 구성하는 입자들의 정체를 우리가 모르고 있을 뿐이다. 암흑 물질 입자들은 강한 핵력을 통해 상호 작용하지 않는 게 확실하다. 그렇지 않다면 핵자를 만들어 냈을 것이다. 잡아내기 무척 어려운 중성미자처럼 약한 핵력을 통해 상호 작용을 하지도 않는 듯하다. 전자기력과도 무관하게 행동한다. 그렇지 않다면 분자를 형성했을 것이다. 일단 분자를 형성한다면 고밀도의 암흑 물질 덩어리를 볼 수 있었을 것이다. 그뿐이 아니다. 만약 암흑 물질이 전자기력의 영향을 받는다면 빛을 흡수, 방출, 반사, 산란해야 마땅하다. 현재까지 알려진 바로는, 암흑 물질은 스스로 중력을 자아내고 또 통상 물질에서 비롯하는 중력에 반응할 뿐이다. 암흑 물질의 존재가 예측된 이래 여태껏 우리는 암흑 물질이 중력 이외의 그 어떤 힘과도 상호 작용한다는 증거를 보지 못했다.

사정이 이러하니 우리는 암흑 물질을 눈에 보이지 않는 이상한 친구로 여기면서, 언제 어디에서든 우주가 요구할 경우, 그가 중력을 발휘하게끔 그의 존재를 인정해 주는 것으로 만족하는 수밖에 없다.

# 6
# 암흑 에너지

*

*

천체 물리학자들에게 걱정거리가 사라지면 안 되기라도 하는 것일까? 우주가 신비한 '압력'을 행사한다는 사실이 밝혀졌다. 최근 10~20년 사이에 불거진 또 다른 걱정거리다. 이제 우리는 진공의 우주 공간에서 비롯해 중력의 반대 방향으로 작용하는 압력의 존재를 인정할 수밖에 없게 됐다. 그뿐이 아니다. 중력과의 줄다리기에서 이 '음(陰)의 중력'이 최후의 승자가 될 것이다. 그러므로 우주는 미래를 향해 지수 함수적으로 가속 팽창한다.

암흑 에너지의 존재가 21세기 물리학에서 우리를 가장 곤혹스럽게 하는 문제 중 하나다. 그런데 이는 전적으로 아인슈타인의 탓으로 돌려야 할지 모를 일이다.

알베르트 아인슈타인은 실험실에 발을 들여놓은 적이 없는 과학자다. 그는 물리 현상을 직접 실험을 통해 연구한다거나 정교한 실험 장치를 이용해 측정을 하지도 않았다. 그는 순수한 이론가로서 자신의 연구를 전적으로 '사고 실험'에 의존해 수행했다. 사고 실험에서는 오로지 상상을 통해서 자연에 간여한다. 상황을 설정하든가 모형을 도입한 다음, 이 상황과 모형에서 기본 물리 법칙의 작동이 어떤 결과를 초래할지를 머릿속에서 분석한다. 제2차 세계 대전 이전 독일의 비유태계 백인 과학자들 사이에서는 이론 물리학보다 실험 물리학 분야가 훨씬 더 각광을 받았다. 유태계 물리학자들은 저급의 이론을 구사하는 모래 주머니일 뿐이라고 폄훼됐으며 연구고 뭐고 간에 자기들끼리 알아서 잘 해 보시라고 방치되는 형국이었다. 그런데 과연 어떤 모래 주머니인지 한번 돌아보기로 하자.

아인슈타인의 경우에서와 같이, 한 이론 물리학자가 우주를 대신하는 모형을 만든 다음 그 모형을 가지고 이리저리 사고 실험을 할 때, 그는 우주 자체를 가지고 원하는 조작을 마음대로 해 보는 것과 같은 효과를 기대한다. 관측 천문학자와 실험 과학자 들은 이 사고 실험에서 유추된 현상이 자연에서 실제로 일어나는지를 관측과 실험을 통해 검증한다. 그 결과로 우리는 모형 자체에 있었던 오류나 이론 천체 물리학자가 범한 계산상의 실수를 집어낼 수 있다. 모형의 예측과 우주의 실제 상황 사이에 차이가 밝혀진다는 얘기다. 이 차이가 해당 모형을 제시한 이론가에게 하나의 단서를 제공해 그로 하여금 자신의 모형에 손질을 하게 하든가, 아니면 기존 모형을 버리고 새로운 모형을 창안하도록 유도한다.

여태껏 제안된 이론적 모형 중에서 아인슈타인의 일반 상대성 이론이 가장 강력하고 가장 깊은 의미를 내포하는 것 중 하나였다. 1916년 발표된 일반 상대성 이론에 기초한 우주 모형이, 중력의 영향 아래 우주 구성원들이 어떻게 행동하는지를 수학적으로 상세하게 기술해 준다. 몇 년에 한 차례씩 실험 과학자들이 일반 상대성 이론을 검증하기 위해 정밀 실험을 수행해 오고 있지만 그때마다 이 이론의 정확도와 신뢰도는 점점 더 높아졌을 뿐이다. 일반 상대성 이론이 발표된 지 꼭 100년이 되는 2016년에 있었던 중력파의 검출 사건만 봐도 그렇다. 중력파 검출을 목표로 건설된 거대한 실험 관측 시설*에서 오랫동안 기다려 오던 중력파가 드디어 검출됐다. 이것은 아인슈타인이 우리에게 준 대단히 멋지고 아름다운 선물이었다. 아인슈타인이 예측한 중력파는 시공간을 빛의 속력으로 퍼져 나가는 파동이다. 블랙홀 두 개가 충돌할 경우와 같이 중력장의 극심한 변화가 있을 때 중력파가 발생한다.

　실제로 관측된 것도 바로 이러한 상황에서 비롯한 것이었다. 최초로 관측된 중력파는 13억 광년 떨어진 한 은하 안에서 일어난 블랙홀의 충돌에서 발생한 결과였다. 충돌이 있던 13억 년 전 지구에는 아주 간단한 단세포 생물만이 우글거렸다. 그리고 8억 년의 세월이

---

*　라이고(LIGO)의 원래 이름은 Laser Interferometer Gravitational-Wave Observatory 이다. 동일 설계의 거대한 쌍둥이 관측 시설이 미국 워싱턴 주 핸퍼드 소재 관측소와 여기서 3,000여 킬로미터 떨어진 루이지애나 주 리빙스턴 관측소에 구축돼 있다.

더 지나는 동안 지구의 단세포 생물은 복잡한 구조의 꽃, 공룡, 새 등으로 진화했으며 드디어 지구는 포유류라 불리는 척추동물의 출현을 맞는다. 포유류 중에서 한 부류가 두뇌의 전두엽을 키워 자기들끼리 복잡한 생각을 서로 나눌 수 있는 존재로 진화했다. 이 부류가 바로 영장류다. 영장류 중에서 한 부류가 돌연변이를 통해 언어 능력을 더 갖추게 됐으니 이들이 호모 사피엔스다. 호모 사피엔스는 농업 기술, 문명, 철학, 예술 그리고 과학 등의 찬란한 '꽃'을 지구 상에 피워낸다. 이 모든 게 최근 1만 년 사이에 이뤄졌다. 그리고 드디어 20세기에 들어와 출중한 과학자 중 한 명이 자신의 두뇌를 사용해 상대성이론을 발명하고, 이를 근거로 중력파의 존재를 예견하기에 이른다. 인류의 과학 기술이 아인슈타인의 예측을 따라잡아 중력파를 검출할 수 있는 수준에 이르는 데 한 세기라는 긴 세월이 필요했다. 중력파가 13억 년 동안 달려와서 지구를 휩쓸고 지날 즈음 인류는 드디어 중력파 검출에 성공한 것이다.

그렇다. 아인슈타인이야말로 진정한 의미의 '상남자'다.

*

어느 이론 모형이든 처음 제안될 때에는 설익은 구석이 있기 마련이다. 제안된 모형으로 그때까지 알려진 우주를 좀 더 잘 기술하려면 모형에 들어가는 파라미터들에 미세 조정이 추가로 필요한 경우가 허다하다. 예를 들어보자. 16세기 코페르니쿠스가 태양 중심의 우주 모형을 처음 제안했을 당시, 그 모형은 행성들이 태양을 중심으로 하는 완전한 원형의 궤도를 도는 것으로 되어 있었다. 태양을 중심으로 한다는 점에서는 지구 중심 모형보다 훨씬 사실에 가까운 설정이었지만, 궤도가 완전한 원이라고 제안한 점은 사실에서 벗어난 것이었다. 행성은 모두 태양을 중심으로 약간 찌그러진 원, 즉 타원을 그리며 돈다. 행성의 궤도를 자세히 볼 것 같으면 완전히 닫힌 타원이라기보다 실은 더 복잡한 궤적을 그린다. 그럼에도 코페르니쿠스의 아이디어는 기본적으로 정확했다. 지구 중심 우주관을 태양 중심 우주관으로 바꿨다는 사실에 코페르니쿠스의 위대성이 있다. 계산상 좀 더 정확한 결과를 얻어 내기 위한 작은 수정이 필요했을 뿐이다.

그런데 아인슈타인의 상대성 이론의 경우 이론 자체의 구조적 특성이, 이 이론이 예측하는 모든 것이 예측과 정확히 일치하도록 요구한다. 여기에 '적당히'가 설 자리는 어디에도 없다. 아인슈타인의 이론을 곁에서 봤을 때 여러 장의 카드로 지어진 집이라고 한다면, 아주 간단한 두세 개의 가정이 집, 즉 이론 전체의 구조를 완전히 떠받치고 있는 형국이다. 1931년 『아인슈타인의 이론을 부정하는 100명의 논지(*One Hundred Authors Against Einstein*)』*라는 책이 발간됐다는 얘

---

* R. Israel, E. Ruckhaber, R. Weinmann, et al., *Hundert Authoren Gegen Einstein* (Leipzig: R. Voigtlanders Verlag, 1931).

ㅂ 암흑 에너지

기를 전해 듣고 아인슈타인은 자신의 이론이 오류라고 입증하는 데 100가지까지 들먹일 필요 없이 단 한 가지 오류만 지적하는 것으로 충분하다고 반응했다.

그럼에도 자연 과학의 역사에서 가장 놀라운 실수들 중 하나의 씨앗이 아인슈타인의 이론에 심어져 있었다. 중력을 기술하는 아인슈타인의 새로운 방정식들에 아인슈타인 자신이 '우주 상수(cosmological constant)'라고 부른 항이 들어 있었다. 통상 그리스 글자 람다의 대문자 $\Lambda$로 우주 상수를 표기한다. 수학적으로 봤을 때 있어도 좋고 없어도 되는 항인데, 아인슈타인은 우주 상수를 도입함으로써 자신의 이론으로 정지 우주를 기술하고자 의도했던 것이다.

당시 과학계는 우주가 뭔 짓을 한다고 했을 때, 그 뭔 짓이라는 게 존재 자체 이외에는 아무것도 될 수 없다고 믿고 있었다. 그 누구도 우주가 팽창한다거나 수축한다고 상상하지 못했다. 그러므로 아인슈타인의 우주 모형에서 $\Lambda$의 유일한 임무라면 중력에 거스르는 방향으로 작용하는 것이었다. 아인슈타인은 우주 상수를 도입함으로써 전체 우주를 하나의 거대한 질량 덩어리로 뭉치게 하려는 중력의 본질적 속성을 거슬러, 수축도 팽창도 하지 않는 정지 우주를 도모했던 것이다. 우주 상수를 도입함으로써 아인슈타인은 당시 우주관에 부합하는 우주 모형을 구축할 수 있었다.

그러던 와중 러시아의 물리학자 알렉산드르 프리드만이 수축과 팽창이 평형을 이룬 아인슈타인의 정지 우주가 수학적으로 불안정한 상태에 있음을 증명하기에 이른다. 산봉우리에 놓인 공은 어느 쪽으로든 살짝 밀리기만 하면 산기슭을 따라 굴러 내려간다. 뾰족한 끝을 바닥에 대고 간신히 세워 놓은 연필은 작은 숨결이 스치기만 해도 쓰러지고 만다. 프리드만은 아인슈타인의 정지 우주가 '까딱' 잘 못하면 계속해서 팽창하거나 완전히 수축할 아슬아슬한 운명에 놓여 있음을 증명했다. 여기에 더해서 아인슈타인의 이론은 당시 과학계가 쉽게 받아들이기에는 전혀 새로운 내용을 품고 있었다. 무엇인가에 이름 하나를 달랑 붙여 줬다고 해서 그것이 실체로 인정되는 것은 아니지 않은가. 아인슈타인 자신도 우주 상수 $\Lambda$가 요구하는 본질적으로 음의 중력에 대응하는 것이 그때까지 우주에서 물리적으로 알려진 바가 없음을 잘 알고 있었다.

*

아인슈타인의 일반 상대성 이론은 중력을 만유인력으로 기술하는 기존의 생각과 근본적으로 다른 사고의 틀에서 태어났다. 뉴턴의 만유인력 이론에서는 중력을 원격 작용이 가능한 '유령' 같은 존재로 간주했다. 뉴턴 자신도 원격 작용을 불편하게 생각했지만 그냥 넘어갔다. 일반 상대성 이론에서는 한 질점(質點)에 작용하는 중력을 해당 질점 근처 시공간의 곡률로 설명한다. 그리고 그 곡률의 구체적 크기는 해당 질점 주위의 질량 분포와 에너지 장(場)에 따라 결정된다. 다시 말해서, 질량의 집결이 시공간 연속체에 살짝 보조개와 같은 왜곡을 자아낸다는 말이다. 시공간의 왜곡이 질점으로 하여금 측지선(geodesic)*이라 불리는 최단 거리의 경로를 따라 움직이도록 유도한다. 이렇게 운동하게 되는 질점이 그리는 궤적, 즉 궤도가 관측자인 우리에게는 곡선으로 보이게 마련이다. 미국의 이론 물리학자 존 아치볼드 휠러는 아인슈타인의 중력과 시공간 곡률의 관계를 다음 한마디로 멋지게 서술했다. "물질이 공간으로 하여금 어떻게 휘라고 지시하고, 휘어진 공간은 물질로 하여금 어떤 식으로 운동하라고 명령한다."**

결국 일반 상대성 이론은 두 종류의 중력을 얘기한다. 하나는 우리에게 익숙한 종류로서 태양과 행성들 사이에서 원격으로 작용한다든가, 지표에서 공중으로 던져진 공을 지표로 다시 떨어지게 한다든가 하는 인력을 기술한다. 다른 하나는 한마디로 신비로운 존재다. 시공간 자체가 가진 진공 에너지와 관련된 것으로 중력의 반대 방향으로 작용하는, 모종의 압력이다.

---

* 측지선 또는 측지 곡선은 이 경우 필요 이상으로 상상을 자극하는 환상적 표현이다. 일반적으로 측지선이란 곡면 상에 두 점을 잇는 최단 거리의 선을 일컫는다. 이를 4차원의 세계로 확장해 시공간 연속체 상 두 점을 잇는 최단 거리의 선도 측지선이라 부르기로 했다.

** 대학원생 시절 나는 존 휠러의 일반 상대성 이론 강의를 수강한 적이 있다. 휠러 교수는 강의 중에 이 소리를 자주 했다. 여담이지만 나는 휠러의 강의실에서 아내를 만났다.

우주 상수 Λ가 아인슈타인을 비롯한 당대 물리학자들이 굳게 믿고 있던 정지 우주라는 환상을 그런 대로 유지하게 해 줬다. 하지만 그 정지 우주는 불안정한 우주였다. 보통 물리학자들은 불안정한 상태를 자연의 상태로 받아들이는 데 거부감을 느낀다. 그런 의미에서 전체 우주가 어쩌다 보니까 영원한 평형 상태에 정지해 있다는 주장은 아무래도 무리수였다. 과학의 역사를 통틀어 볼 때 자연이 이런 식으로 행동한 적이 없었고, 이런 주장이 관측이나 측정으로 입증된 적도 없었다. 이런 기억이 과학자들로 하여금 우주가 평형 상태에 있다는 정지 우주론에 대한 의구심을 지울 수 없게 했다.

일반 상대성 이론이 발표되고 13년이 지난 1929년, 미국의 천문학자 에드윈 허블이 우주가 정지 상태에 있지 않다는 사실을 발견한다. 멀리 있는 은하일수록 빠른 속력으로 우리 은하에서 멀어지고 있음을, 즉 우주의 팽창을 설득력 있게 입증하는 증거들을 수합해 제시했던 것이다. 관측 쪽 상황이 이렇게 전개되자, 아인슈타인은 당황할 수밖에 없었다. 자연에서 우주 상수에 대응하는 힘을 찾을 수 없었을 뿐만 아니라, 우주 상수의 존재를 부인했더라면 아인슈타인 자신이 우주 팽창을 예측할 수 있었기 때문이었다. 아인슈타인은 우주 상수를 버리기로 하면서 우주 상수의 도입이 자신이 범한 "가장 큰 실수"라고 후회했다. 그는 Λ의 값이 0이라고 믿기로 했다. 예를 들자면 이런 논지를 펼쳤던 것이다. $A=B+C$인 경우, 나중에 $A=10$이고 $B=10$으로 밝혀졌다면, $A=B+C$가 그대로 성립하려면 $C=0$일 수밖에 없다. 하지만 이런 경우라면 애당초 $C$를 방정식에 남겨둘 필요가 없지 않은가.

　이 얘기는 여기서 끝나지 않는다. 그 후 몇 십 년 동안 $\Lambda$는 사라졌다 등장하기를 반복한다. 이론가들이, 지하 수장고 깊숙이 묻혀 있던 우주 상수를 때때로 꺼내서 $\Lambda \neq 0$인 우주에서라면 자신의 아이디어가 어떻게 전개될지 이리저리 꿰맞춰 보곤 했기 때문이다. 허블이 우주의 팽창을 보여 준 지 69년 후, 그러니까 1998년 드디어 과학계는 어두운 지하실에서 $\Lambda$를 끌어올려 밝은 빛을 보게 해 준다. 이 해에 두 그룹의 천체 물리학자들이 깜짝 놀랄 만한 발견을 학계에 보고한다. 한 팀은 미국 캘리포니아 주 버클리 소재 국립 로런스 버클리 연구소 소속의 솔 펄머터가 이끄는 연구진이었다. 다른 한 팀은, 미국 메릴랜드 주 볼티모어 소재 존스 홉킨스 대학교의 애덤 리스와 오스트레일리아 캔버라 소재 마운트 스트롬로와 사이딩스프링 천문대의 브라이언 슈미트가 이끄는 연구팀이었다. 당시까지 알려진 초신성 중 가장 먼 거리에 있는 열두어 개의 밝기를 조사했더니 예상보다 확연하게 더 흐린 것으로 나타났다. 이러한 종류의 폭발성은 그 밝기 변화의 행태가 잘 알려져 있기 때문에 우주론 모형에 근거한 거리 정보로부터 겉보기 밝기를 예측하기 쉽다. 그런데 문제는 예측된 겉보기 밝기보다 더 어둡게 관측됐던 것이다. 그렇다면 특별히 원거리에 있는 초신성들의 발광 특성이 근거리의 것들과 다르거나, 그렇지 않다면 대부분의 천체 물리학자들이 믿고 있는 우주론 모형에서의 예측보다 이들이 실제로는 15퍼센트 정도나 더 멀리 자리해야 했다. 후자의 경우라면 팽창에 가속이 있었다는 얘기다. 이 가속 팽창을 자연스럽게 설명할 수 있는 유일한 방편이 아인슈타인이 버린 Λ항, 즉 우주 상수에 있었다.

지하 수장고 선반에서 먼지를 잔뜩 뒤집어쓰고 있던 Λ를 끄집어내서 아인슈타인의 일반 상대성 이론에 다시 넣었더니, 우주의 가속 팽창이 멋들어지게 재연됐다.

＊

펄머터와 슈미트가 연구에 사용했던 초신성들은 핵융합 반응이 일어나는 중심핵의 질량에 맞갖은 행태를 톡톡히 보여 줬다. 질량이 적정 범위 안에 드는 별들은 동일한 방식으로 폭발한다. 즉 동일한 질량의 연료에 폭발적 연소가 시작되면 동일한 양의 막대한 에너지를 일정한 시간 동안 방출함으로써 모두가 최대 밝기를 같은 수준으로 유지한다. 그러므로 이런 종류의 초신성은 일종의 밝기 척도, 즉 '표준 초'의 구실을 충실하게 해낸다. 특정 부류의 초신성으로 일단 판명되기만 하면, 그 초신성의 최대 밝기가 이론적으로 알려진다는 말이다. 그러므로 실제 관측에서 측정된 최대 겉보기 밝기를 이론적으로 알고 있는 원래의 최대 밝기와 비교함으로써 해당 초신성까지의 거리를 계산할 수 있다. 동시에 그 초신성이 들어 있는 은하까지의 거리도 자연스럽게 알려진다. 또 이런 종류의 초신성은 밝기, 즉 광도가 워낙 높기 때문에 현대 관측 기술로 접근 가능한 가장 먼 은하들까지의 거리도 알아낼 수 있게 해 준다.

표준 초의 도움으로 우리는 거리 측정에 필요한 계산을 대폭적으로 간소화할 수 있다. 초신성은 모두 동일한 와트 수의 전구라 간주할 수 있으므로 흐리게 관측되는 초신성은 관측자로부터 멀리 떨어져 있는 것이고 밝게 관측된 초신성은 가까이 있는 것이다. 따라서 초신성들의 겉보기 밝기를 측정하면 ― 비교적 간단한 측광 관측으로 ― 초신성 각각의 관측자로부터의 거리뿐 아니라 그들 사이의 거리도 알 수 있다. 만약 초신성의 원래 밝기가 제각각이라면, 겉보기 밝기의 비교로 저들 각각의 거리는 알 수 없을 것이다. 예를 들자면 관측된 겉보기 밝기가 흐리다고 해서 그 초신성이 고광도의 원거리 천체인지 아니면 저광도의 근거리 천체인지 도대체 구별할 길이 없다. 높은 와트 수의 전구가 원거리에 있을 경우 근거리에 있는 낮은 와트 수의 것보다 더 어둡게 보일 수도 있으니까 말이다.

표준 초를 이용한 거리 측정법은 이쯤 해 두고 멀리 있는 은하들의 거리를 측정하는 또 한 가지 방법을 소개하겠다. 외부 은하들의 경우 우리 은하로부터 멀어지는 후퇴 속력을 측정하면 그 은하까지의 거리를 알 수 있다. 여기서 후퇴란 우주 시공간의 전반적 팽창에 따라 은하들 사이의 간격이 벌어진다는 뜻이다. 허블이 최초로 밝혔듯이, 우주 팽창의 결과로 먼 은하일수록 가까운 은하보다 더욱 빨리 멀어진다. 그러므로 한 은하의 후퇴 속도를 측정하면 — 이 역시 비교적 간단한 분광 관측으로 — 해당 은하까지의 거리를 알 수 있다.

표준 초 방법과 허블 법칙을 이용해 측정한 동일 천체까지의 거리가 서로 다르게 나왔다면 무엇인가 오류가 발생했음에 틀림이 없다. 초신성이 표준 초로서 제 구실을 못했든가 아니면 은하들의 후퇴 속력으로 측정한 우주 팽창률에 관한 우리의 모형이 틀렸기 쉽다.

그런데 표준 초로 말할 것 같으면 초신성만한 게 없다. 초신성의 표준 초 자격을 의심하던 많은 연구자들의 엄밀한 검증에도 불구하고 초신성은 표준 초로 거뜬히 살아남았다. 그렇다면 우주가, 우리 생각보다 빠르게 팽창했을 가능성이 높다. 원거리 은하들의 실제 거리가, 현재 관측되는 저들의 후퇴 속력에서 추정된 거리보다 훨씬 더 멀 수도 있다는 얘기다. 즉 우주는 과거 한때, 우리 예상을 초월하는 고속 팽창을 했을 공산이 크다. 이 초과분의 고속 팽창을 설명하려면 아인슈타인의 우주 상수 $\Lambda$를 불러들이는 수밖에 별다른 묘안이 없다.

초신성 관측을 통해 우리는 우주에 편재(遍在)하는 척력에 대한 최초의 증거와 마주치게 된 셈이다. 중력에 반대 방향으로 작용하는 힘의 존재가 한동안 죽어 지내야만 했던 우주 상수 $\Lambda$에게 새로운 생명을 불어넣었다. 갑자기 $\Lambda$가 물리적 실체로 받아들여짐에 따라 우주 상수는 '암흑 에너지'라는 이름을 달고 우주론의 무대 중앙에 당당하게 등장한다. 관측에 드러난 초과 팽창의 추동인(推動因)이라는 자신의 정체는 숨긴 채 우리를 신비의 세계로 안내하는 $\Lambda$에게 붙여진 이름으로서 '암흑 에너지'는 참으로 그럴듯한 선택이다. 암흑 에너지의 발견으로 펄머터, 슈미트, 리스가 2011년도 노벨 물리학상의 공동 수상자로 선정된다.

　내가 이 책을 집필하는 현재까지 수행된 모든 측정 결과들을 종합해 보면, 이 바닥에서 가장 걸출한 존재로 군림하는 주인공이 암흑 에너지임을 알 수 있다. 현 우주의 총 질량-에너지의 68퍼센트를 암흑 에너지가 차지하며, 27퍼센트는 암흑 물질의 몫이고, 나머지 겨우 5퍼센트가 통상의 가시 물질이다.

*

우주에 존재하는 물질과 에너지의 총량과 우주 팽창률 사이의 관계에서 4차원 시공간의 모습이 결정된다. 이 관계를 기술하는 데 편리한 측도(測度)를 또 하나의 그리스 글자인 오메가 Ω로 표기한다. Ω는, 우주에 현존하는 물질-에너지 밀도의 값을 우주의 팽창을 겨우 멈추게 할 정도의 물질-에너지 밀도의 이론적 '임곗값'으로 나눠 준 결과로서 무차원의 양이다.

　물질과 에너지가 시공간을 뒤틀리게, 또는 휘게 하므로, Ω의 값에 따라 우주가 어떤 모습을 갖게 될지 알 수 있다. Ω의 값이 1보다 작을 경우, 우주에 현존하는 질량-에너지의 실제 밀도가 앞에서 얘기한 임곗값보다 작다는 뜻이다. 그러므로 이러한 우주는 모든 방향으로 영원히 팽창할 것이다. 이 경우 시공간이 일종의 말안장 모양을 하며, 처음 평행했던 두 선이 점점 큰 각으로 벌어지는 형국을 이루게 된다. Ω의 값이 정확히 1이라면, 우주는 영원히, 그렇지만 아주 간신히 팽창한다. 이 경우의 우주를 두고 평탄 우주(flat universe)라 한다. 평탄 우주에서는 우리가 고등학교 기하 시간에 배웠던 평행선에 관한 모든 성질이 그대로 성립한다. Ω의 값이 1보다 큰 것으로 나타나면, 시공간이 자신을 감싸 안는 식으로 휘어서 대폭발의 순간에 있었던 불덩어리로 다시 함몰(陷沒)한다.

에드윈 허블이 우주의 팽창을 처음 발견한 이래 그 어느 관측자도 Ω의 값이 결코 1에 가깝다고 보인 적이 없다. 망원경을 통해 실제로 관측된 모든 가시 물질과 에너지의 총합, 여기에다 현대 망원경의 검출 능력의 한계 너머로 외삽해서 추정한 물질과 에너지의 추가분을 더하고, 또 암흑 물질까지 포함하더라도, 겨우 Ω=0.3이 최고 수준의 관측 자료에서 얻어 낸 Ω의 최댓값이었다. 그렇다면 관측자의 관점에서 우리 우주는 안장에 올라타고 미래를 향해 한 방향으로 질주하는 우주라고 하겠다.

다른 한편에서는 우주론 발달사를 뒤흔든 또 하나의 대사건이 터지고 있었다. 1979년부터 미국 MIT 소속의 물리학자 앨런 구스와 몇몇의 과학자들이 대폭발 이론에 수정을 가하기 시작했다. 그들이 대폭발 우주 모형에 가한 수정을 통해, 우리가 알고 있는 바와 같이 물질과 에너지로 평탄하게 채워진 우주를 이해하는 데 걸림돌이

ㅂ 암흑 에너지

되던 골칫거리의 일부를 해결할 수 있었다. 이 과정에서 얻게 된 근본적인 부산물로 $\Omega$의 값을 1로 밀어붙일 수 있게 됐다. 2분의 1을 향한 것도 아니고, 2도 아니며, 그렇다고 100만과 같이 엄청나게 큰 값은 더욱더 아니다. 딱 1 가까이로 몰고 갈 수 있게 됐단 말이다.

전 세계 이론가 중 어느 누구도 이러한 수정 노력에 토를 달고 싶어 하지 않았다. 우리에게 알려진 우주의 전역적 특성을 이해하는 데 $\Omega=1$의 우주가 여러모로 큰 몫을 해낼 수 있기 때문이었다. 그렇지만 해결돼야 할 문제가 다 사라진 건 아니다. 대폭발 우주론의 업데이트 버전에서는, 관측 천문학자들이 찾아낼 수 있었던 양의 3배에 이르는 물질-에너지 밀도가 필요했으니 말이다. 이론가들은 이러한 상황에서도 결코 주눅이 들지 않고 관측 천문학자들에게 더 철저하게 우주를 뒤져 보라고 다그쳤다.

물질-에너지 밀도의 총합을 구해 본 결과 가시 물질로는 임계밀도의 5퍼센트 이상을 채울 수 없음이 밝혀졌다. 그렇다면 신비로운 암흑 물질의 몫은 얼마나 될까? 관측 천문학자들은 물론 암흑 물질도 계산에 넣었다. 그 정체가 알려진 바 없고 지금도 모르기는 마찬가지지만, 암흑 물질도 물질-에너지 밀도의 총합에 틀림없이 나름의 기여를 한다. 그 구체적 기여의 정도가 눈에 보이는 가시 물질의 5배 내지 6배에 이르는 것으로 밝혀졌다. 이만한 양의 암흑 물질을 추가하더라도 이론이 요구하는 값을 충족하기엔 아직 많이 부족하다. 당혹스러워하는 관측 천문학자들에게 이론 천문학자들은 그럼에도 "더 찾아보라."라고 요구했다.

양쪽 진영은 서로 상대방이 오류를 범했다고 확신하기에 이른다. 그러다가 드디어 암흑 에너지의 출현을 보게 된 것이다. 암흑 에너지라는 단 한 가지 성분을 통상 물질과 에너지 그리고 암흑 물질에 추가하자, 우주의 물질-에너지 밀도의 총합이 임곗값에 도달했다. 이로써 관측과 이론 양쪽 진영이 다 만족하기에 이른다.

최초로 이론과 관측이 상대를 보듬어 안고 하나가 되는 순간이었다. 따지고 보니 관측 천문학자와 이론 물리학자 양쪽이 다 옳았다. $\Omega$의 값은 정녕 1이었다. 이론가들이 우리의 우주에 대해 원했던 $\Omega = 1$의 상황이 관측에서 확인된 것이다. 암흑 물질이든 통상 물질이든 이것들만을 더해서는 $\Omega = 1$을 도저히 실현할 수 없었지만 말이다. 어쩌면 물질, 에너지, 암흑 물질만으로 문제를 해결하려던 생각은 순진한 발상이었지 싶다. 관측 천문학자들은 우주에서 찾아낼 수 있는 물질의 전량을 찾아냈던 것이다. 관측 연구에서 줄기차게 추정해 왔던 것 이상의 물질은 우주에 존재하지 않았다.

우주에서의 암흑 에너지의 지배적 위치를 아무도 예견하지 못했다. 그뿐 아니라 암흑 에너지가, 오랫동안 해결의 실마리를 찾지 못하고 있던 관측과 이론의 간극을 일거에 메워 버릴 위대한 화해자라고는 그 누구도 상상하지 못했던 것이다.

6 암흑 에너지

＊

그렇다면 암흑 에너지의 정체는? 아무도 모른다. 그 정체에 가장 가까이 다가갔다는 아이디어는 암흑 에너지가 일종의 양자 효과에서 비롯한다고 주장한다. 양자 역학에 따르면 공간이란 절대 무(無)의 세계가 아니라 입자와 반입자가 들끓는 세상이다. 입자들이 쌍으로 나타났다 사라지기를 거듭하지만 그들의 존재 시간이 너무 짧아서 측정에 걸리지 않는다. 일시적 존재라는 특성을 드러내기 위해 우리는 저들을 '가상 입자'라고 부른다. 인류 지성사의 금자탑이라 할 양자 물리학 — 미시계의 과학 — 이 우리에게 보여 준 놀라운 그동안의 업적을 고려할 때, 우리는 암흑 에너지의 정체를 가상 입자로 설명하려는 시도를 진지하게 받아들일 수밖에 없다. 가상 입자 쌍마다 순간적으로 공간을 밀치면서 미약한 세기의 압력을 중력의 반대 방향으로 작용한다는 것이다.

하지만 과학자들은 심각한 문제에 봉착하게 된다. 가상 입자들의 순간적 생성과 소멸에서 생기는 '진공의 압력'을 다 더해 봤더니 그 결과가 관측에서 결정된 우주 상수의 크기보다 무려 $10^{120}$배 이상이나 되는 것으로 나타났다. 이는 말도 안 되는 값이다. 과학의 역사에서 이론과 관측의 괴리(乖離)가 이렇게 크게 드러난 적은 없었다.

그렇다. 우리는 아직 이 괴리를 제거할 실마리조차 찾지 못하고 있다. 그렇다고 아주 절망적인 건 아니다. 암흑 에너지가, 자신의 존재를 지지할 이론의 도움 없이 망망대해를 떠도는 전적으로 외로운 신세는 아니란 말이다. 암흑 에너지는 가장 안전하다고 생각되는 항구에 정박해 있다. 바로 아인슈타인의 일반 상대성 이론의 방정식 안에 굳건하게 자신의 자리를 확보하고 있다. 우주 상수 $\Lambda$의 존재를 기억해 보기 바란다. 앞으로 암흑 에너지의 정체가 무엇이라 판명될지 모르겠지만, 우리는 이미 그 양을 측정하는 방법을 알고 있으며 계산을 통해 우주의 과거, 현재, 미래에 미치는 암흑 에너지의 영향도 가늠할 줄 안다.

아인슈타인이 $\Lambda$의 도입을 자신이 범한 최대의 실책이라 선언한 사실 그 자체가, 어쩌면 아인슈타인의 위대한 실수였던 셈이다.

*

사냥은 진행 중이다. 우리는 암흑 에너지가 단순한 허구가 아니라 실제임을 알고 있다. 천체 물리학자들이 팀을 이뤄 초대형 지상 망원경과 우주 망원경을 동원해 우주에 존재하는 다양한 구조물의 거리와 크기를 측정하는 야심찬 계획을 실천에 옮기기 시작했다. 이 연구가 성공적으로 수행될 경우 암흑 에너지가 우주 팽창의 역사에 미치는 영향이 구체적으로 밝혀질 것이다. 관측 결과가 이론 쪽 과학자들을 바쁘게 할 건 확실하다. 암흑 에너지에 대한 이론가들의 계산이 얼마나 터무니없이 틀렸는지 알게 되는 순간, 저들은 저들대로 자신들이 범한 잘못에 대한 속죄의 노력을 필사적으로 펼쳐 나가야 하지 않겠는가.

일반 상대성 이론의 대안이 필요한 건 아닐까? 일반 상대성 이론과 양자 역학의 결합에 전반적인 보완이 이뤄져야 하는 건 아닐까? 암흑 에너지에 관한 모종의 이론이 또 다른 위대한 천재의 탄생을 기다리고 있는 건 아닐까?

우주의 가속 팽창과 우주 상수 $\Lambda$의 놀라운 속성은, 척력이 어떤 물질에서 비롯한 게 아니라 진공 그 자체에서 야기된 것이라는 점이다. 공간이 확장될수록 우리가 잘 아는 물질과 에너지의 밀도는 점점 낮아질 게 뻔하다. 그렇다면 우주 상수 $\Lambda$에서 비롯한 척력이 우주에서 벌어지는 각종 사태에 점점 더 중요한 영향을 미치게 될 것이다. 진공의 공간이 확장될수록 중력에 반대 방향으로 작용하는 압력이 더욱 강해지면서 우주 시공간은 더욱더 빨리 팽창하게 될 것이다. 그러므로 끝을 모르는 우주의 가속 팽창이 불가피하다.

그렇다면 우리 은하 근방에 있지만 우리 은하의 중력에 묶여 있지 않은 천체들이라면 점점 더 빠른 속력으로 우리에게서 멀어질 것이다. 저들은 가속 팽창을 하는 시공간 연속체에 얹혀서 더욱 빠른 속력으로 서로 달아나게 된다. 오늘날 우리의 밤하늘에 보이는 먼 은하들이 결국은 접근 불가능한 시공간의 지평선 저 너머로 사라지고 말 것이다. 광속보다 빠른 속력으로 우리에게서 후퇴하는 상황을 상정할 수 있다. 저들이 실제로 광속보다 빠른 속력으로 우주 공간을 움직이기 때문에 이렇게 엄청난 일이 벌어지는 것은 아니다. 우주의 시공간 자체가 원거리에 있는 은하들을 품고서 팽창하기 때문에 이와 같은 예상이 가능한 것이다. 이러한 상황의 전개를 막아 낼 물리 법칙은 없다.

앞으로 1조 년 정도 후에도 우리 은하에 누군가 살고 있다면 그는 외부 은하의 존재를 전혀 알 수 없을 것이다. 그들의 우주에서는 은하가 수명이 무척 긴 별들만으로 채워져 있을 것이다. 그리고 별이 반짝이는 밤하늘 너머로는 깊은 암흑의 태허(太虛)가 끝없이 펼쳐져 있을 것이다.

우주의 근간을 지배하게 된 암흑 에너지가, 우리의 미래 세대들이 우주를 이해할 수 있는 근본 토대를 잠식해 버릴 기세다. 저들은 외부 은하의 존재를 알 길이 없다. 현세의 천체 물리학자들이 은하 전역에 걸쳐 놀랄 만한 기록을 남겨 놓거나 그 기록들을 1조 년 후에나 열어 볼 타임캡슐에 깊숙이 묻어 두지 않는 한, 묵시록적 종말 이후의 시대를 살아갈 과학자들의 머리에는 은하라는 개념 자체가 자리할 리 없다. 우리에게는 은하가 우주 물질 분포의 근간을 이루는 기본 구조물임에도 불구하고, 저들에게는 은하라는 존재 자체가 알려질 수 없지 않겠는가. 인류 역사상 가장 위대한 드라마의 클라이맥스라고 할 현세 우주 자체에 접근할 열쇠가 저들에게는 아예 주어지지 않을 것이다.

나는 종종 악몽에 시달리곤 한다. 우리도 우주 진화의 장대한 드

6 암흑 에너지

라마에서 중요한 대목들을 놓치고 지나온 건 아닐까? 우주 변천사의 어떤 대목들은 "접근 금지"의 푯말을 달고 우리 앞에 침묵의 몸짓으로만 서 있는 게 아닐까? 우리의 이론과 방정식 들에 결여된 어떤 진실이, 우리가 놓쳤을지 모르는 저 대목들에 그대로 남아서 우리로 하여금 영원히 알아내지 못할 질문의 답을 그저 더듬거리게만 하는 건 아닐까?

# 주기율표에 담긴 우주

\*

\*

아무리 하찮아 보이는 질문도 막상 답을 할라치면 우주에 관한 깊고 해박한 지식을 필요로 할 때가 종종 있다. 중학생 시절 화학 시간에 있었던 일이다. 나는 선생님께 주기율표에 나오는 저 많은 종류의 원소들이 다 어디에서 온 것이냐고 물었다. 지구의 지각(地殼)에서 가져온 것이라는 대답이 돌아왔다. 맞다. 나도 그렇다고 생각한다. 실험에 필요한 시약을 공급하는 제조사는 필요한 각종 원소를 결국 지각에서 얻어 냈을 것이다. 그렇지만 나의 질문은 지각이 어떻게 이런저런 원소들을 갖게 됐느냐에 꽂혀 있었다. 답은 천문학에서 찾아야 했다. 그러나 이 경우 우주의 기원과 진화까지 들먹일 필요가 정말 있을까?

그렇다. 꼭 필요하다.

자연에 상존하는 원소 중 단 세 종류만이 대폭발에서 만들어졌다. 나머지는 별의 중심부 온도가 극도로 높은 용광로와 죽어 가는 별의 폭발 잔해에서 벼려졌다. 이렇게 태어난 원소들이 차세대의 별을 만드는 데 쓰일 뿐 아니라 행성은 물론 우리의 육신을 형성하는 원료가 된다.

대부분 사람들에게 원소 주기율표는 그저 기억에서 사라진 잡동사니 중 하나일 수 있다. 고등학교 시절 교실 벽에 붙어 있던 걸 본 게 마지막일 것이다. 신비하고 비밀스런 글자로 채워진 네모 칸들이 빼곡하게 들어가 있던 큼직한 차트가 원소 주기율표다. 현재까지 알려진 모든 종류의 원소와 앞으로 우주에서 발견될지 모르는 원소들의 화학적 성질을 이해할 수 있도록 체계적으로 정리해 놓은 도표다. 그보다도 나는 인류 문화의 아이콘 중 하나가 주기율표라는 데 방점을 찍고 싶다. 각국에 흩어져 있는 수많은 실험실과 입자 가속기 등의 시설에서 수행된 다양한 연구의 총체적 결정체가 주기율표이기 때문이다. 그런가 하면 주기율표는 또한, 현대 과학이 이룩한 위대한 국제 협력과 우주에 관한 이해의 최전선을 우리에게 증언한다.

그렇지만 과학자 자신들도 주기율표를 동화 작가였던 닥터 수스의 머리에 떠올랐던 고만고만한 동물들을 모아 놓은 동물원쯤으로 생각할 때가 있다. 그렇지 않다면, 예를 들어 소금이나 물을 어떻게 이해할 수 있단 말인가. 주기율표에 뭐 특별한 가치를 부여할 필요가 있겠는가. 주기율표의 한 칸을 차지하는 소듐(Na)은 버터나이프로도 쉽게 잘라지는 유독성 물질이며 물 한 방울만 떨어뜨려도 격렬한 반응을 일으키는 금속이다. 여기에다 순수 염소(Cl) 역시 냄새

고약한 유독성 기체다. 그런데 이 둘이 결합한 염화소듐(NaCl)은 생명 유지에 필수 요소인 소금이 된다니 참 알 수가 없는 노릇이다. 수소(H)와 산소(O)의 관계는 또 어떠한가. 수소는 폭발성이 강한 기체이며 산소는 발화(發火)를 돕는 물질이다. 그런데 이 둘이 결합하면 물이 되어 발화가 아니라 소화(消火)의 기능을 갖게 된다.

화학 물질의 이름을 짓는 과정을 돌아보면 원소와 우주 진화가 깊이 연관돼 있음을 깨닫게 될 것이다. 그러므로 나는 여기서 천체 물리학자의 렌즈를 통해 원소 주기율표를 다시 들여다볼까 한다.

✳

원자핵에 양성자가 달랑 하나 들어 있는 수소로 말할 것 같으면 원소 중 가장 간단한 원소로서 대폭발의 순간에 전부 만들어졌다. 자연에서 볼 수 있는 94가지 원소 중 수소 한 가지가 우리 몸의 3분의 2 이상을 차지한다. 우주에 존재하는 모든 원자의 90퍼센트 이상이 수소다. 광막한 우주에서부터 태양계, 그리고 우리의 육신에 이르기까지 수소가 차지하는 비율이 이렇게 막중하다. 거대 기체 행성인 목성의 중심핵 부분에 있는 수소는 막강한 압력에 짓눌려 기체라기보다 전도성이 강한 금속 물질로 행동한다. 그 결과 목성이 행성들 중에서 가장 강한 자기장을 갖게 됐다. 영국의 화학자 헨리 캐번디시가 물($H_2O$)을 가지고 실험을 하다가 수소를 발견한 게 1766년이었다. (그리

1 주기율표에 담긴 우주

스 말로 하이드로제네스(*hydro-genes*)는 '물을 만드는'이란 뜻이다.) 천체 물리학 분야에서 최초로 지구의 질량을 계산한 인물이 캐번디시다. 뉴턴의 저 유명한 중력 방정식에 들어가는 중력 상수의 값을 정확하게 측정한 덕에 그는 지구의 질량도 알아낼 수 있었다.

절대 온도로 1500만 켈빈의 고온 상황에 있는 태양의 중심핵에서 1초에 45억 톤에 이르는 수소 원자핵들이 마구잡이 초고속 충돌을 하면서 헬륨(He)으로 빚어진다.

✱

헬륨은 밀도가 매우 낮은 기체라고 알려져 있다. 화학 재료상에서 헬륨을 구입해 조금 들이마시면 기관지와 후두의 진동수가 잠정적으로 높아져서 사람이 미키마우스의 목소리를 내게 된다. 헬륨은 두 번째로 간단한 원소이며 우주에서 두 번째로 흔한 원소다. 둘째라고 해도 수소에 비하면 그 양이 크게 떨어지지만, 우주에 존재하는 수소와 헬륨을 제외한 모든 원소의 총합보다 헬륨의 양이 4배 이상이나 된다. 대폭발 우주론을 떠받치는 이론적 기둥 중 하나가 헬륨의 양을 바르게 예측한 것이다. 대폭발 우주론은 우주에 존재하는 모든 원자들의 총수의 적어도 10퍼센트가 헬륨이라고 예측했다. 이만한 양의 헬륨이 우주가 태어나던 태초의 불덩이에서 만들어져서 현세 우주 곳곳에 골고루 섞여 있게 됐다. 우주 어디를 가든 적어도 이만한 함량비의 헬륨은 존재한다. 별 내부에서 일어나는 열핵 반응을 통해 수소에서 헬륨이 융합되므로 지역에 따라서는 앞에서 얘기한 10퍼센트보다 많은 양의 헬륨이 있을 수 있다. 하지만 대폭발 우주론에서 예측한 헬륨 함량비의 하한인 10퍼센트보다 낮은 지역은 은하 어디에서도 찾아볼 수 없다.

지구에서 발견되어 추출되기 30여 년 전 헬륨은 천문학자들에 의해서 태양 코로나의 스펙트럼에 자신의 존재를 먼저 드러냈다. 그러니까 1868년 개기일식이 가져다준 횡재였다. 앞에서 잠깐 언급한 적이 있지만, 헬륨이란 이름은 그리스 말로 태양신을 의미하는 헬리오스에서 비롯한 것이다. 지구 대기에서 헬륨이 차지하는 비중은 가장 가벼운 수소의 92퍼센트로 수소보다 약간 낮은 편이지만, 헬륨은 수소와 달리 폭발할 위험성이 없어서 미국 메이시 백화점이 추수 감사절 퍼레이드에 띄우는 초대형 풍선에 사용된다. 헬륨 사용량에서 미국 군부가 제일의 수요자라는 현실은 인정하겠지만, 그 버금가는 자리를 일개 기업체인 백화점이 차지한다는 사실은 그저 놀랍기만 하다.

✻

리튬(Li)은 세 번째로 간단한 원소다. 원자핵 안에 양성자가 세 개 들어 있다. 수소와 헬륨과 같이 리튬도 대폭발에서 만들어졌다. 하지만 별의 중심핵에서 합성되기도 하는 헬륨과 달리 리튬은 알려진 모

주기율표에 담긴 우주

든 핵반응에서 파괴된다. 대폭발 우주론의 또 하나의 예측이, 우주 어디를 가든 리튬의 함량비가 1퍼센트 미만이라는 것이다. 리튬의 함량이 대폭발 우주론에서 예측한 상한선 1퍼센트를 상회하는 은하를 우주 어디에서도 찾아볼 수 없다. 헬륨 함량비의 하한값과 리튬의 상한값이 대폭발 우주론의 진위를 가늠하는 강력한 이중 제한 조건으로 기능했다.

*

이제 탄소(C)를 볼까? 탄소를 포함한 분자의 종류가 포함하지 않은 것보다 더 많다. 탄소는 별의 중심핵에서 핵융합 반응으로 벼려져서 별의 표면으로 올라와 많은 양이 은하 내부 공간으로 방출된다. 생명 종의 다양성과 생명 현상을 지배하는 화학 반응에 탄소보다 더 적격인 원소는 없다고 하겠다. 우주에서 함량이 탄소보다 약간 많은 원소가 산소(O)다. 산소도 별 내부에서 합성되어 폭발한 별의 잔해에 섞여서 성간 공간으로 방출된다. 우리가 모두 잘 알고 있듯이 생명의 탄생과 생존에서 핵심 역할을 하는 원소가 산소와 탄소다.

이건 어디까지나 우리가 알고 있는 생명에 관한 얘기일 수 있다. 우리가 모르는 생명의 경우에도 탄소와 산소가 핵심 역할을 할까? 규소(Si)가 탄소를 대신하는 생명이 존재할 수 있지 않을까? 주기율표를 보면 탄소 바로 밑에 규소가 자리한다. 그러므로 원리적으로 탄소가 하는 역할을 규소가 떠맡을 수 있다. 비록 규소를 근간으로 하는 생명이 발현하더라도 결국에는 탄소 중심의 생명이 규소를 근간으로 하는 생명보다 월등히 많아질 것이다. 왜냐하면 우주에 탄소가 규소보다 10배나 더 많기 때문이다. 그렇다고 해서 SF 작가의 왕성한 상상 활동이 퇴조할 리는 없다. SF 작가들은 외계 생명을 연구하는 과학자들에게 규소를 근간으로 하는 생명이 어떤 형태일지 연구하게끔 유도하곤 한다. 규소를 중심으로 하는 생명이야말로 진정한 의미의 외계 생명이 아니겠는가.

소듐(Na)은 식염을 소금답게 만드는 가장 활동적인 성분인 동시에, 현재 전국적으로 도시 가로등에 널리 쓰이는 기체이다. 소듐 전구가 백열등보다 밝고 수명도 월등히 길다. 소듐 등은 두 종류가 있다. 하나는 전구 내부에 소듐의 기체 압력이 높은 것으로 황백색의 빛을 낸다. 다른 하나는 압력이 낮은 것으로 오렌지색이다. 전자가 후자보다 흔하다. 어떤 요인으로 인한 광해(光害)든 광해는 천문학자들에게 큰 골칫거리다. 그런데 알고 봤더니 저압의 소듐 등이 다른 광해 요인에 비해 덜 해로운 존재였다. 왜냐하면 망원경으로 찍은 천체의 사진에 틈입(闖入)한 저압 소듐 등의 빛은 손쉽게 제거될 수 있기 때문이다. 미국 키트피크 국립 천문대에 가장 가까운 대도시가 애리조나 주의 투손 시이다. 투손 시 당국과 이 지역에서 활동하는 천체 물리학자들 사이에 협약이 이뤄져 투손 시 전역의 가로등을 저압의 소듐 등으로 교체했다. 지방 자치 단체와 학계 사이에 이뤄진 협

1 주기율표에 담긴 우주

조의 성공적 예를 투손 시가 보여 줬다.

＊

알루미늄(Al)은 지각 물질의 거의 10퍼센트를 차지하지만 고대인에게는 전혀 알려지지 않았고 우리 증조할아버지 대에 살았던 비교적 가까운 선조들에게조차 아주 생소한 원소였다. 알루미늄이 최초로 광석에서 분리되어 원소로 동정된 게 1827년이었다. 그러나 일상에 흔히 사용하게 된 건 1960년대 후반에 와서다. 이때까지 주석(Sn)으로 만든 깡통과 박지(薄紙)가 널리 사용되다가 그 자리를 알루미늄으로 만든 깡통과 박지에게 내줬다. (요즈음도 연세가 많은 분들은 알루미늄 포일을 종종 '틴 포일'이라 한다.) 윤이 나도록 잘 다듬어진 알루미늄은 완벽한 거울이 된다. 알루미늄은 가시광을 거의 100퍼센트 반사하기 때문에 오늘날 망원경의 경면을 코팅하는 데 주로 알루미늄이 사용된다.

타이타늄(Ti)은 밀도가 알루미늄의 1.7배이지만 강도는 2배 이상이다. 그래서 지각의 아홉 번째로 흔한 타이타늄이 현대 문명의 총아로 떠올랐다. 예를 들면 군용 비행기의 주요 성분으로 쓰일 뿐 아니라 보철용 재료로 각광을 받는다. 강하지만 가벼운 금속이기 때문이다.

우주의 대부분 지역에서 산소 원자의 수가 탄소보다 많다. 그러므로 탄소 원자가 자기 주위에 떠도는 산소와 철컥 결합해 일산화탄소($CO$)와 이산화탄소($CO_2$)를 만들어도 산소 원자의 일부는 남아돌기 마련이다. 이 여분의 산소가 타이타늄과 같은 금속성 원소와 결합한다. 붉은색의 별, 즉 표면 온도가 비교적 낮은 별의 스펙트럼에는 한때 정체가 밝혀지지 않았던 흡수선들이 보인다. 이 흡수선들은 나중에 산화타이타늄($TiO$)에서 비롯한 것으로 밝혀졌다. 하늘에 떠 있는 별의 대기에 존재하는 산화타이타늄이 수수께끼일 수 있었지만, 지구 상에서 활동하는 별들, 즉 '스타'들에게는 산화타이타늄이 전혀 이상한 존재가 아니었다. 사파이어나 루비 같은 보석이 별같이 반짝이는 것은 결정 구조 안에 불순물로 섞여 있는 산화타이타늄 때문이다.

여기에 더해서 망원경이 들어앉아 있는 돔 내부는 산화타이타늄을 소재로 한 페인트로 도색한다. 산화타이타늄이, 적외선 대역에서의 반사도가 높아서 대낮에 망원경 주위 공기에 축적돼 있던 열기를 방출하는 데 효과적이기 때문이다. 해가 서녘으로 기울어 야간 관측에 들어가기 전에 관측자는 돔부터 열어 둔다. 그러면 산화타이타늄 덕에 망원경 주위가 빠른 속도로 밤 공기의 온도와 같아진다. 돔의 내외부의 온도가 같아야 망원경으로 보는 별과 각종 천체의 이미지가 선명하다.

끝으로 한마디 보태야겠다. 천체의 이름에서 따온 건 아니지만 타이타늄은 그리스 신화에 나오는 거인족 타이탄에서 유래한 것이다. 그런데 타이탄은 토성의 가장 큰 위성이다.

7 주기율표에 담긴 우주

＊

여러 가지 측면에서 우주에서 가장 중요한 원소는 철(Fe)일지 싶다. 질량이 큰 별들은 자신의 중심핵에서 주기율표에 나오는 원소들을 순차적으로 합성해 낸다. 헬륨에서 시작해 탄소, 산소, 질소 등을 만들고 결국 철까지 만들어 낸다. 철의 원자핵에는 양성자 26개와 중성자가 적어도 26개 들어 있다. 철은 여타 원소들과 다른 특이한 성격의 원소다. 핵자 하나당 가진 총 에너지가 모든 원소 중에서 가장 낮다는 것이다. 이것이 뭔 소린가 하면, 핵자 중에서 철의 원자핵이 가장 단단하게 묶여 있다는 뜻이다. 그러므로 철 원자를 핵분열을 통해 원자량이 더 작은 원소로 쪼개려면 에너지를 공급해 줘야 한다. 철을 융합해서 철보다 무거운 원소를 만들려고 해도 역시 에너지를 공급해 줘야 한다. 질량이 큰 별들의 중심핵에 일단 철이 만들어지고 나면, 철의 이러한 특이성 때문에 에너지를 더 이상 생산할 능력을 잃게 되는 것이다. 충분한 양의 에너지를 생산할 핵연료가 떨어져 발광체로서 별의 수명이 끝나게 된다는 말이다. 이 지경에 이른 별은 자신의 무게를 감당하지 못하고 중력 붕괴를 하다가 어느 순간 일시에 '리바운드(rebound)'한다. 이때 별은 엄청난 에너지를 방출하면서 초신성으로 변한다. 초신성 하나가 약 10억 개의 태양이 동시에 내놓는 에너지를 일주일 이상 방출한다.

＊

부드러운 금속 원소인 갈륨(Ga)은 용융점이 매우 낮아서 코코아 버터같이 손을 대면 녹아 액체로 변한다. 천체 물리학자들에게 갈륨 자체는 그리 흥미로운 대상이 아니다. 그러나 염화갈륨은, 잡아내기 무척 어려운 태양의 중성미자를 검출하는 데 쓰인다. 이론이 예측하는 것보다 실제로 태양에서 검출되는 중성미자의 개수가 적어서 한동안 큰 문제였다. 갈륨의 원자핵이 중성미자와 충돌해 저마늄(Ge)으로 변한다. 이때 엑스선이 방출된다. 지하 깊숙한 곳에 설치된 거대한 탱크에 액체 염화갈륨 100톤을 담아놓고 태양에서 오는 중성미자가 갈륨의 원자핵과 충돌할 때마다 방출되는 엑스선을 예의 주시함으로써, 과학자들은 태양 중성미자를 검출한다. 염화갈륨 탱크로 구현된 '중성미자 망원경'의 활약으로 태양 중성미자와 관련된 오래된 미스터리가 최근에 해결됐다.

＊

테크네튬(Tc)은 그 동위 원소들이 모두 방사성 원소이다. 그렇다면 지표에서 테크네튬이 발견되지 않는다는 사실이 이상할 것도 없다. 대신 용도에 따라 입자 가속기에서 만들어 내면 된다. 그리스 말로 테크네토스(*technetos*)가 '인조' 또는 '인공'의 뜻을 갖는다. 그렇다면 왜

테크네튬이란 이름이 주어졌는지 알 만하다. 그 구체적 기작이 무엇인지는 아직 알려지지 않았지만, 붉은색을 띠는 별들 중 일부의 대기에서 테크네튬이 발견된다. 그렇다고 테크네튬의 존재가 우리에게 뭐 특별한 경종을 울리는 것은 아니다. 테크네튬의 반감기가 겨우 200만 년인데, 이상한 점은 테크네튬이 발견되는 별들의 수명이 이 반감기에 비해 너무 길다는 데 있다. 그렇다면 테크네튬이 발견되는 별들은 만들어질 때부터 이 원소를 가지고 태어난 건 확실히 아니다. 만약 가지고 태어났더라도 지금쯤 그 별의 대기에 테크네튬이 남아 있을 리가 없지 않은가. 별의 중심핵에서 테크네튬이 만들어져서 관측이 가능한 표면 대기층으로 끌어올려진다고 볼 수도 있겠으나 그마저 신통한 답이 되지 않는다. 왜냐하면 그 구체적 메커니즘이 알려지지 않았기 때문이다. 별의 대기에 존재하는 테크네튬의 존재를 설명하기 위한 기발한 이론들이 수없이 제안됐으나 그 어느 것도 아직 과학자들의 동의를 얻지 못하고 있다.

✴

오스뮴(Os)과 백금(Pt)에 더해서 이리듐(Ir)이 주기율표에서 밀도가 가장 높은 세 가지 원소다. 부피 60리터의 공간에 이리듐을 가득 채운다면 그 무게는 대략 소형 승용차 한 대에 해당한다. 그래서 세상 사람들이 이리듐 문진(文鎭)을 좋아한다.

또한 세상에서 가장 유명한 살상 사건의 '스모킹 건' 중 하나가 바로 이리듐일지 모를 일이다. 지구 전역에 걸쳐 이리듐의 얇은 층이 발견되는데, 지금으로부터 6500만 년 전에 만들어진 지층으로, 이 층이 K-Pg 경계(Cretaceous-Paleogene Boundary, 백악기-팔레오세 경계)를 이룬다. 이 시기에 덩치가 손가방보다 큰 생명 종은 모조리 멸종했다. 전설적 존재인 공룡이 전멸한 건 물론이다. 지구 표면에서는 이리듐이 희귀하지만* 크기가 10킬로미터 정도 되는 소행성에는 비교적 흔한 물질이다. 이 정도 크기의 소행성이 지구와 충돌할 경우 소행성이 완전히 증발하면서 소행성을 이루던 원자 알갱이들이 흩어져 지표를 덮는다. 독자가 선호하는 공룡 멸종의 요인이 무엇이든, 에베레스트 산만한 소행성과 지구의 충돌이 공룡 멸종의 요인으로서 가장 그럴듯한 시나리오라는 것은 틀림 없다.

＊

다음 원소의 이름을 듣고 알베르트 아인슈타인 자신이 어떤 반응을 보였을지 나는 모른다. 1952년 11월 1일 남태평양에 있는 산호섬 에니웨톡에서 최초의 수소 폭탄 실험이 있었다. 실험 잔해에서 그때까지 알려지지 않았던 새로운 원소가 발견됐는데 아인슈타인을 기린

---

＊ 친철 원소이기 때문에 철과 함께 지구의 중심핵에 가라앉아 있을 것이다. ─ 옮긴이

다는 뜻에서 이 원소를 아인슈타이늄(Einsteinium, Es)이라고 명명했다.
나보고 이름을 지으라고 했더라면, 나는 아인슈타이늄보다 '아마겟
듐'이라 불렀을 것이다.

한편 주기율표에는 태양 주위를 공전하는 천체들의 이름을 딴
원소들의 칸이 10개 있다.

인(P)은 '빛을 내는'이란 뜻을 갖는 그리스 말 포스포루스
(phosphorus)에서 왔는데, 고대에는 해가 뜨기 전에 나타나는 금성을 포
스포루스라 불렀다.

셀레늄(Se)은 그리스 말로 달을 뜻하는 셀레네(Selene)에서 온 이
름이다. 이런 이름을 갖게 된 배경이 재미있다. 셀레늄을 함유한 광
석에서는 늘 텔루르(Te)도 발견된다. 이 이름의 어원인 그리스 말 텔
루스(tellus)는 지구를 뜻한다. '지구와 달'이라, 그러면 이제 당신 머릿
속에서 종이 울리는가? 무언가 짚이는 게 있는가 말이다.

19세기가 열리던 1801년 1월 1일 이탈리아 천문학자 주세페 피
아치가 화성과 목성 사이 믿기 어려울 정도로 넓은 공간에서 태양을
공전하는 새로운 행성을 발견했다. 그때까지 행성의 이름은 로마 신
에서 따왔다. 이 전통에 따라 피아치의 행성을 수확의 여신 이름을
따서 세레스라 부르기로 했다. 세레스는 물론 곡물을 의미하는 시리
얼(cereal)의 어원이기도 하다. 당시 과학계는 세레스의 발견으로 상
당히 떠들썩했다. 이후에 새로운 원소가 발견된다면 세레스를 기리
는 뜻에서 세륨(cerium)이란 이름이 붙을 터였다. 세레스 발견 2년 후,

세레스와 마찬가지로 화성과 목성 사이에서 태양 주위를 도는 또 하나의 행성이 발견된다. 로마의 신들 중에서 이번에는 지혜의 여신인 팔라스(Pallas)가 이 행성의 이름이 됐다. 물론 세륨 다음에 발견될 원소는 팔라듐(palladium)이 될 운명이었다. 원소의 이름 붙이기 파티는 향후 20~30년 안에 곧 끝날 계제였다. 그 후에 화성과 목성 사이 공간에 궤도를 둔 행성들이 수십여 개 더 발견되자 학계는 이들의 정체를 면밀히 조사하기 시작했다. 그 결과 이들이 그때까지 알려졌던 가장 작은 행성보다 훨씬 작은 천체라는 사실이 밝혀졌다. 태양계 내부에서 새로운 부동산이 무더기로 자리하는 벨트 지대가 발견된 셈이다. 여기에 금속과 암석 성분의 제멋대로 생긴 소형 천체가 많이 숨어 있었는데, 세레스와 팔라스는 행성이 아니라 소행성이었던 것이다. 오늘날 소행성대에는 수십만 개에 이르는 소행성들이 자리하는 것으로 알려져 있다. 주기율표에 들어갈 원소의 수보다 물론 월등히 많은 수의 소행성이 새로운 원소가 발견되길 기다리고 있는 셈이다.

금속성의 수은(Hg)은 실온에서 액체 상태를 유지하며 흐르는 성질을 갖고 있다. 이 이름은 수성에서 왔다. 수성은 태양계에서 가장 빨리 움직이는 행성이다. 수성의 영어 이름 머큐리(Mercury)는 로마 신화에 나오는 심부름꾼 신 메르쿠리우스(Mercurius)에서 따왔다.

토륨(Th)은 북유럽의 천둥번개, 전쟁, 농업의 신 토르(Thor)에서 따온 이름이다. 토르는 로마의 주신(主神) 유피테르와 동일시되기도 한다. 허블 우주 망원경이 촬영한 주피터, 즉 목성의 양쪽 극지방의 이미지를 보면 난류 운동 중인 구름층 깊은 곳에서 전기 방전이 만드는 불꽃이 광범위한 영역에 걸쳐 일고 있다. 그렇다면 토르는 썩 잘 지어진 이름이지 싶다.

아, 그런데 애석하게도 내가 가장 좋아하는 행성, 토성(Saturn)의 이름을 딴 원소는 주기율표에 없다.* 그렇지만 천왕성(Uranus), 해왕성(Neptune), 명왕성(Pluto) 등의 이름을 딴 원소는 주기율표에 요란하게 등장했다. 천왕성의 이름을 딴 우라늄(U)은 1789년에 처음 알려졌다. 한편 천왕성은 이보다 8년 전에 윌리엄 허셜에 의해 발견됐다. 우라늄의 동위 원소는 모두 불안정하다. 자연 붕괴되면서 가벼운 원소들로 쪼개진다. 이 과정에서 에너지가 방출된다. 인류사에서 전쟁에 실제로 사용된 최초의 원자 폭탄이 우라늄을 폭약으로 한 것이었다. 미국이 1945년 8월 6일 일본 히로시마 시에 이 폭탄을 투하해 도시 전체를 잿더미로 만들어 버렸다. 우라늄 원자핵에 양성자 92개가 들어 있다. 자연에서 볼 수 있는 가장 무거운 원소로 널리 알려졌지만, 우라늄보다 더 무거운 원소들이 우라늄 광석에 몇 종이 더 들어 있기는 하다. 하지만 그들은 극미량에 불과하다.

천왕성의 이름을 딴 원소가 있다면 해왕성도 마땅히 그래야 하지 않겠는가. 넵튠, 그러니까 해왕성의 이름을 딴 넵투늄(Np)이 버클리 사이클로트론에서 발견된 1940년은, 독일 천문학자 욘 갈레가 프

---

* 사실 내가 가장 좋아하는 행성은 지구다. 그 다음이 토성이다.

랑스 수학자 조세프 르 베리에가 예측한 하늘의 바로 그 위치에서 해왕성을 찾아낸 지 97년이 되는 해였다. 르 베리에는 천왕성의 궤도 운동이 보여 주는 이상한 점을 깊이 파고들어 천왕성 궤도 바깥에 또 하나의 행성이 있다고 예측했던 것이다. 태양계에서 천왕성 다음에 해왕성이 자리하듯이, 원소의 주기율표에서도 우라늄 바로 다음 칸을 넵투늄이 차지하고 있다.

버클리 사이클로트론은 자연 상태로 존재하지 않는 원소를 여러 종 발견, 또는 제조했다. 예를 들면 넵투늄 다음에 오는 플루토늄 (Pu)이 그렇다. 물론 플루토늄은 명왕성에서 온 이름이다. 명왕성은, 1930년 애리조나 주 소재 로웰 천문대의 클라이드 톰보가 발견했다. 129년 전 세레스 발견 당시의 흥분이 재현됐는데, 미국 천문학자에 의한 최초의 행성 발견으로 간주됐기 때문이다. 관측 기술의 한계로 정확한 데이터를 확보하지 못했던 당시 학계에서는 명왕성의 크기와 질량이 지구와 엇비슷할 것으로 봤다. 질량이 지구의 10여 배 이상인 천왕성이나 해왕성 급의 행성은 아니라고 알고 있었지만 말이다. 측정 기술이 향상됨에 따라 학계에 보고되는 명왕성의 크기가 점점 작아졌다. 이 경향이 1980년대까지 계속됐다. 현재 우리가 알고 있는 바에 따르면, 명왕성은 이를 데 없이 차가운 얼음과 암석 덩어리로 여타의 행성들과는 비교가 안 될 정도로 작다. 얼마나 작은가 하면 태양계에서 가장 큰 위성 6개보다 작다. 소행성 발견의 경우에서와 같이 명왕성 발견 이래 명왕성과 비슷한 궤도를 그리며 태양계의 외곽 지대를 떠도는 천체가 수백여 개나 더 발견됐다. 명왕성이 행성의 반열에서 밀려나게 되는 첫 신호가 그 크기에서부터 오기 시작했다. 최근까지 알려지지 않았던 얼음 성분의 수많은 소형 천체들의 저장고가 해왕성 궤도 바깥 카이퍼 벨트에서 발견된다. 이들은 혜성의 핵과 같은 존재로서 카이퍼 벨트 천체(Kuiper Belt Object), 줄여서 KBO라 부른다. 명왕성도 알고 봤더니 KBO의 일원이었다. 행성과 원소의 이름 짓기 과정을 이제 다시 돌아보니, 세레스, 팔라스, 명왕성 등은 행성의 가면을 쓰고 주기율표라는 무대에 슬그머니 등장한 인물이었다.

　미국은 제2차 세계 대전 말 일본 히로시마에 원자 폭탄을 터뜨린 지 사흘 후에 나가사키에도 투하했는데, 플루토늄이 이 폭탄의 강력한 폭약 성분으로 쓰였다. 사용된 플루토늄은 폭탄 제조에 적합한 순도를 갖는 불안정 동위 원소다. 전쟁은 나가사키 원폭 투하와 더불어 신속하게 끝장을 보게 된다. 소량의 플루토늄 방사성 동위 원소가 열핵 발전기(Radioisotope Thermoelectric Generator, RTG)의 핵연료로 쓰인다. 이 경우 폭탄 제조에 필요한 수준의 순도가 아니어도 좋다. 태양계의 외곽을 탐사하는 우주선들의 동력원으로는 RTG가 적격이다. 태양에서 멀리 떨어질수록 우주선에 도달하는 태양광이 점점 미약해져서 광전지판을 작동할 수가 없기 때문이다. 플루토늄 약 0.5킬로그램이 1000만 킬로와트시의 열에너지를 방출한다. 이만한 양의 에너지라면 백열등 하나를 1만 2000년 정도 밝힐 수 있다. 핵연료로 식료품을 대치할 수만 있다면 이 정도 소량의 플루토늄으로 한 사람을 이만한 세월 동안 먹여 살릴 수도 있겠다.

*

원소 주기율표 위를 달리던 우리의 우주 여행을 이쯤에서 마치기로 하자. 태양계의 변방 그리고 그 너머까지 왔다. 무슨 이유에서인지 화합물이라면 얼굴을 찡그리는 사람들이 많다. 어쩌면 화학 제품에 붙은 너무 긴 이름에 지레 겁을 먹게 되기 때문이 아닐까 한다. 이 경우 그렇게 긴 이름을 붙인 화학자들을 나무랄 것이지 화합물 자체를 탓할 일은 아니다. 개인적으로 나 자신은 우주 어디에서나 만나게 되는 화학 물질에 아무런 두려움을 느끼지 않는다. 내가 좋아하는 별들은 물론 나의 절친들 역시 모두 화합물로 만들어져 있지 않은가.

# 8
# 구형 천체에 숨겨진 중력의 역할

\*

\*
\*

결정체와 암석 파편 따위를 제외하면, 자연 상태로 존재하는 우주 삼라만상 중에서 끝이 날카롭게 삐죽삐죽 튀어나온 구조의 물체는 찾아보기 어렵다. 반대로 구형의 물체는 간단한 비눗방울에서부터 가시 우주에 이르기까지 그 수를 헤아릴 수 없을 정도로 많다. 모든 기하학적 형태 중에서 구(球)는 간단한 물리 법칙 몇몇의 작용에서 비롯한 결과물이다. 구가 워낙 익숙한 형태이다 보니 우리는 세상 만물이 대부분 구형이 아닌 줄 알면서도 기본 특성을 추출하려는 사고 실험에서 구형을 상정하는 경우가 허다하다. 이상적인 구형의 경우를 이해하지 못한다면 해당 물체를 지배하는 기본적인 물리학을 이해했다고 할 수 없기 때문이다.

자연에서 구형은 우선 표면 장력에 의해서 만들어진다. 표면 장력은 물체를 모든 방향에서 작게 만들려는 경향을 띤다. 비눗방울을 만드는 비눗물에 작용하는 표면 장력이 공기를 모든 방향으로 쥐어

짠다. 그 결과 방울이 만들어지는 즉시 주어진 공기 덩이를 최소의 넓이를 갖는 표면으로 둘러싼다. 이렇게 함으로써, 비누막의 두께가 필요 이하로 더 얇아지지 않는다. 그 결과 가장 튼튼한 방울이 만들어지는 것이다. 대학 1학년생이 배우는 수준의 미적분 지식이면, 주어진 부피를 둘러쌀 수 있는 최소 넓이의 표면이 완전한 구라는 사실을 쉽게 증명할 수 있다. 슈퍼마켓의 물품 배송 상자와 식료품 포장재를 구형으로 만든다면 포장재에서 연간 수십억 달러를 절약할 수 있다. 예를 들어, 치어리오스(Cheerios) 시리얼 슈퍼-점보 사이즈라고 해도 반지름 12센티미터의 구형 상자에 담을 수 있다. 그러나 구형 상자를 실제로 사용하는 데 적지 않은 문제가 따른다. 선반에서 내린 식료품 상자가 복도를 데굴데굴 굴러가게 될 경우, 그 누가 그것을 쫓아가고 싶어 하겠는가.

지구 상에서 볼 베어링을 만드는 과정을 알아보자. 물론 선반에서 하나씩 구형으로 깎아 만들 수 있다. 이런 방식보다 표면 장력을 활용하는 게 효율적이며 실용적이다. 용융 상태의 금속 적정량을 긴 대롱의 한쪽 끝에 집어넣어 굴러가게 한다. 처음에는 구형이 아니겠지만 대롱 속을 굴러가면서 점점 더 매끈한 구형으로 다듬어진다. 그렇지만 대롱의 반대편 끝에 이르기 전 완전히 굳기까지 충분히 긴 시간이 주어져야 하는 게 문제다. 그러나 지구 주위를 선회하는 우주 정거장에서의 상황은 이와는 사뭇 다르다. 우주선에서는 모든 것들이 무게를 느끼지 않는다. 그러므로 액체 상태로 녹은 금속을 정확한

8 구형 천체에 숨겨진 중력의 역할

양씩 잘라 출구로 부드럽게 밀어내기만 하면 당신이 원하는 구슬이 저절로 만들어진다. 우주 정거장에서는 액체 상태의 금속이 식어서 굳는 동안 표면 장력이 완벽한 구형을 유지하게 해 주기 때문이다.

＊

덩치가 큰 천체의 경우, 그 천체의 내부 에너지와 자체 중력이 해당 천체를 구형으로 만든다. 중력은 물질을 중심을 향해 끌어당긴다. 그렇지만 중력만이 상황을 완전히 지배하는 것은 아니다. 고체의 경우 분자들 사이의 화학 결합이 중력보다 강할 수 있기 때문이다. 히말라야 산맥은 지구의 자체 중력을 거슬러 만들어진 것이다. 본질적으로 결정 구조의 탄성력이 중력을 제압한 결과이다. 지구 표면 도처에 웅거(雄據)하는 산맥을 보고 그저 감탄만 하기 전에 우리가 꼭 유념해야 할 사안이 하나 있다. 깊은 바닷속 해구에서부터 거대한 산맥의 꼭대기까지가 기껏 20킬로미터인 데 비해 지구의 지름이 1만 3000킬로미터라는 사실 말이다. 지구의 표면을 도보로 여행하는 십 대의 청소년들에게는 지표가 매우 거친 산들로 덮여 있는 듯하지만, 우주에 존재하는 하나의 천체로서 지구의 표면은 놀라울 정도로 매끈한 구면이다. 당신이 아주 거대한 손을 갖고 있다고 하자. 그 손바닥으로 산맥, 광활한 대지, 끝이 보이지 않는 바다로 뒤덮인 지구의 표면을 훑을 경우, 지구가 당구공만큼이나 매끈하다고 느낄 것이다.

고가의 고급 지구본에 있는 울퉁불퉁한 산과 산맥 등은 실제보다 그 높이를 과장해서 보인 것이다. 과장은 산맥과 협곡뿐이 아니다. 적도 반지름에 대한 남북극 관통 반지름의 비(比) 역시 실제보다 더 단축돼 있다. 우주에서 지구를 내려다볼 경우 지구는 완벽한 구와 구별이 불가능할 정도이다.

태양계의 다른 거대 산맥들에 비해 지구의 산맥은 참으로 보잘것없는 존재다. 화성 표면에 가장 높이 솟은 올림포스 산(Olympus Mons)은 높이 22킬로미터에 바닥 너비 500킬로미터의 거대 규모를 자랑한다. 올림포스 산에 비하면 아메리카 대륙 최고봉인 알래스카의 맥킨리 산이라 하더라도 두더지의 둔덕에 불과하다. 우주에서 산의 규모를 결정하는 레시피는 아주 간단하다. 표면 중력이 약할수록 산의 높이가 높아질 수 있다. 지구에서는 에베레스트 산이 가장 높다. 지구 중력에 의한 자체 무게 때문에 이보다 더 높은 산은 그 바닥을 이루는 암석층이 문드러져 주저앉기 때문이다.

암석형 행성의 표면 중력이 지나치게 강하지만 않다면, 암석을 구성하는 물질의 분자 결합력이 암석으로 이뤄진 산의 중력에서 비롯한 자체 무게를 지탱할 만하다. 이 경우 암석형 천체의 모양은 지극히 불규칙적일 수 있다. 우주에서 비구형(非球形)의 천체로 가장 유명한 존재가 아마도 포보스(Phobos)와 데이모스(Deimos)일지 싶다. 아이다호 감자같이 생긴 화성의 두 위성을 상기하기 바란다. 둘 중 큰쪽인 포보스의 경우 전체 크기가 대략 20킬로미터인데, 지구에서 무게 68킬로그램중인 사람이 그 위에 올라선다면 자신의 몸무게가 110그램중으로 변한 걸 보고 깜짝 놀랄 것이다. 포보스 표면에서 느끼게 되는 중력의 세기가 그만큼 약하다는 얘기다.*

우주 공간에 떠 있는 액체 덩어리는 표면 중력으로 인해 완벽한 구형을 띠게 마련이다. 매우 작은데도 모양이 구형이라면, 용융 상태의 액체가 식어 만들어진 것이라 믿어도 좋다. 우주 공간에서 만나게 되는 질량이 무척 큰 천체라면 그 구성 성분이 무엇이든 구형이다. 자체 중력이 작용한 결과로 구형 구조를 가질 수밖에 없다.

은하에서 흔히 볼 수 있는 덩치와 질량이 매우 큰 기체 덩어리들은 서로 엉겨 붙어 거의 완벽한 구의 모양을 이루게 된다. 별이 바로 이런 구형 구조물이다. 그렇지만 어느 별 하나가 다른 큰 천체 주위를 너무 가까이에서 궤도 운동을 하게 될 경우, 그 천체로부터 강력한 중력의 영향을 받아 구형 구조가 변형되면서 일부 물질이 표면에서부터 벗겨져 별 외부로 떨어져 나오게 된다. 여기서 '너무 가까이'란 상

---

* 우리는 일상에서 질량과 무게를 나타내는 단위를 구별해서 언급하지 않는다. 지표에서 물체의 무게는 킬로그램 단위로 측정되는 질량에 지구 표면 중력 가속도를 뜻하는 '지(g)'를 곱한 값이다. 그러므로 몸무게를 포함한 모든 무게는 '킬로그램중'으로 표기돼야 한다. 그렇지만 지구 상에서는 물체에 작용하는 가속도가 일정하므로 킬로그램중의 '중'은 무시해도 질량의 대소를 가늠하는 데 어려움이 없다. 따라서 중을 무시하고 무게를 언급한다. 포보스의 경우 워낙 질량이 지구에 비해 작다. 포보스의 표면 중력이 지구 표면 중력의 618분의 1에 불과하기 때문에 동일 질량의 사람 무게가 이렇게 작게 측정된다는 뜻이다. ─ 옮긴이

대 천체의 로슈 로브(Roche lobe, 로슈엽)에 매우 근접했다는 뜻이다.

19세기 중엽에 활동했던 천문학자이자 수학자인 에두아르 로슈는 쌍성계의 두 별 주위에 만들어지는 중력장을 심도 있게 연구했다. 로슈 로브란, 중력으로 서로 맞물려 궤도 운동을 하는 두 천체를 둘러싼 땅콩 껍질 모양의 이론적 표면을 두고 일컫는 말이다. 이 경계면은 서로 맞붙어 있는 구근 두 개의 형국을 이룬다고 봐도 좋다. 쌍성계를 이루는 각각의 별이 땅콩의 알맹이라면 두 알맹이를 둘러싼 공통의 껍질이 로슈 로브인 셈이다.

한쪽 천체로부터 기체 물질이 자신의 로슈 로브, 즉 구근의 표면에서 밖으로 밀려나면 그 물질은 상대방 천체의 로슈 로브 안으로 빨려 들어간다. 쌍성계의 진화 과정에서 이런 일은 흔하게 일어난다. 한쪽 별이 적색 거성으로 진화하는 경우 그 별 전체가 팽창하면서 자신의 로슈 로브를 완전히 채우고도 일부가 밖으로 흘러넘치는 일이 생긴다. 넘친 기체 물질이 상대방 별의 로슈 로브 안으로 들어가 나선을 그리면서 그 별의 표면으로 떨어진다. 이러한 상황에 놓인 적색 거성은, 단독 별이 이루는 구와는 완연히 다른 모양을 한다. 상대방 별을 향한 쪽의 끝이 뾰족하게 튀어나온다. 허시 과자 회사에서 만드는 '키세스' 초콜릿처럼 말이다.

쌍성계를 이루는 한쪽 별이 블랙홀인 경우도 있다. 잔뜩 부푼 상대방 적색 거성의 포피(包皮)를 블랙홀이 한 껍질씩 벗겨 자신에게로 끌어들이는 과정에서 블랙홀은 자신의 존재를 관측자에게 간접적으로 드러낸다. 적색 거성에서 떨어져 나온 기체 물질이 자신의 로슈로브를 가로질러 상대방 블랙홀로 나선을 그리면서 빨려 들어갈 때 매우 높은 온도로 가열된다. 그런데 이 고온의 물질은 블랙홀 속으로 완전히 빨려 들어가기 전까지 관측 가능한 빛을 계속 방출한다. 블랙홀에 완전히 빨려 들어가면 아무리 고온의 기체라도 관측자의 시야에서 사라지지만, 그렇게 되기 전 한동안 방출되는 빛은 관측에 걸리게 마련이다.

✳

우리 은하의 별들은 하나의 거대한 원반을 이루면서 은하의 중심 주위를 돌고 있다. 원반의 반지름 대 두께의 비가 대략 1,000 대 1이니, 우리 은하의 얇기로 말할 것 같으면, 여태껏 만들어진 팬케이크 중에서 가장 얇은 것보다 더 얇다고 하겠다. 보다 정확하게는 팬케이크가 아니라 크레이프나 토르티야와 비교하는 게 더 좋을지 싶다. 이렇게 우리 은하는 구형이 아니라 얇디얇은 원반을 이룬다는 사실에 유의할 필요가 있다. 지금은 원반이지만 시작은 구형이었을 것이다. 그렇다면 어떻게 공은 원반으로 변신하게 됐을까? 형성 초기 우리 은하는 하나의 거대한 구형의 기체 덩어리로서 천천히 회전하면서 자체 중력에 따라 수축하고 있었다. 수축이 진행됨에 따라 기체구의 회전이 빨라졌을 것이다. 피겨 스케이트 선수가 한껏 벌렸던 자신의 두

팔을 몸통 쪽으로 끌어들이면 회전이 빨라지듯이, 수축으로 인한 전반적인 부피의 감소가 회전 속력의 증가를 불러오게 마련이다. 이 과정에서 회전축 방향으로는 회전의 방해를 받지 않은 채 빨리 수축하게 되고, 회전축에 수직한 적도 방향으로는 회전에 따른 원심력의 증가로 수축이 방해를 받는다. 그 결과 초기에는 구형이던 기체 덩어리가 자연스럽게 팬케이크 모양의 원반 형태로 변신한다. 그렇다. 필스버리 도보이*가 피겨 스케이트 선수였다면, 고속 회전이 그에게는 위험천만의 활동이었을 것이다. 하지만 자체 중력에 따라 수축하는 회전 기체구는 원반으로 변신하는 데 아무런 무리가 따르지 않는다.

　　장차 우리 은하로 변신할 운명을 가진 거대한 구형의 기체 구름 하나를 머릿속에 그려 보자. 구의 중심을 향해 기체 구름 전체가 본격적으로 떨어지기 전에, 즉 수축하기 전에 많은 수의 별들이 그 안에서 이미 만들어질 수 있다. 이렇게 태어난 별들을 우리는 '헤일로 성분의 별'이라 부른다. 공중에 던져진 뜨거운 마시멜로 두 덩이가 서로 엉겨 붙듯이, 별을 만들고 남은 기체 덩이들이 충돌하면서 서로 들러붙어 점점 더 큰 덩어리로 성장한다. 그러다가 결국 중심 평면에 내리꽂혀 안착한다. 회전 원반부에 안착한 거대 기체 덩어리 여기저기에서도 별이 만들어졌을 것이다. 이렇게 만들어진 별들을 우리는

---

*　Phillsbury Doughboy, 미국 제분 회사 필스버리의 이미지 캐릭터의 애칭. 본명은 포핀 프레시(Poppin Fresh)로 밀가루 반죽의 하얀 캐릭터다. — 옮긴이

'원반 성분의 별'이라 부른다. 그중 하나가 바로 우리의 태양이다. 오늘날 우리 은하는 더 이상 수축도 팽창도 하지 않는다. 중력 진화의 관점에서 완숙한 상태에 도달했기 때문이다. 은하의 중심 평면을 뚫고 위아래로 운동하는 별들은 원시 은하운의 잔해로서 은하가 아직 구형의 상태일 당시의 정보를 간직하고 있다.

일반적으로 회전 천체들이 편평한 구조를 하게 된 원인과 우리 지구의 남북극 방향의 반지름이 적도 반지름보다 짧게 된 원인이 서로 같다. 하지만 지구의 경우 적도 반지름과 극반지름 사이에 대단한 차이가 있는 건 아니다. 적도 반지름이 극반지름보다 겨우 21.3킬로 미터 더 길다. 지구는 우선 덩치가 작은 천체이며, 대부분이 고체 물질로 구성돼 있고, 회전 속도가 그렇게 빠른 편도 아니기 때문이다. 지구의 적도에 자리한 물체는 시속 1,700킬로미터의 속력으로 지구 자전에 동참한다. 하루가 24시간이며 적도 반지름이 대략 6,400킬로미터임을 고려하면 이 회전 속도를 바로 계산할 수 있다. 기체 성분의 거대 행성인 토성은 자전 주기가 10.5시간으로 매우 짧다. 적도부가 대략 시속 3만 6000킬로미터의 속력으로 회전한다. 그래서 토성은 아마추어용 망원경으로도 그 찌그러진 정도를 쉽게 알아볼 수 있다. 극반지름이 적도 반지름보다 10퍼센트나 짧다. 양극 방향으로 살짝 눌려진 구를 편구(扁球, oblate spheroid), 약간 잡아 늘인 구를 장구(長球, prolate spheroid)라 부른다. 우리가 일상에서 흔히 접하는 햄버거와 핫도그가 각각 편구와 장구의 극단적인 예이다. 독자는 어떤 느낌

일지 모르겠지만, 나는 햄버거를 한입한입 물어 목으로 넘길 때마다 토성의 모양을 떠올리곤 한다.

*

원심력의 효과는 물성에 따라 다르게 나타난다. 이 점을 고려해 우리는 극한 상황에 놓인 우주 물체의 회전과 외형을 연계지어 설명하고 이해한다. 펄서를 예로 들어보자. 개중에는 1초에 1,000번까지 고속으로 자전하는 펄서가 있다. 펄서가 만약 우리가 일상에서 흔히 접하는 물질로 구성된 천체라면 이렇게 빨리 회전할 경우 사방팔방으로 흩어지고 말 것이다. 실제로 1초에 4,500번 이상 자전한다면 펄서의 적도 부위가 광속으로 회전하게 된다. 이 사실만 보더라도 펄서가 통상 물질로 구성됐을 리 만무하다. 태양을 극도로 압축해 맨해튼 섬 크기의 구 안에 욱여넣었다고 가정하자. 이는 코끼리 1억 마리를 입술크림 곽 하나에 가두어 둔 경우에 대응하는 초고밀의 상황이다. 이 정도의 밀도에 이르게 하려면 원자의 핵과 그 주위에서 궤도 운동을 하는 전자들 사이에 빈 공간이 완전히 사라질 때까지 원자 하나하나를 극도로 압축해야 한다. 이렇게 압축하면 음전하를 띤 전자가 양전하를 띤 양성자 속으로 들어가 양성자가 전기적으로 중성인 중성자로 변한다. 중성자만으로 만들어진 밀도가 극도로 높은 천체의 표면 중력은 우리의 상상을 초월할 정도로 강력하다. 그래서 중성자별에

8 구형 천체에 숨겨진 중력의 역할

'우뚝 솟은' 산이라고 해야 그 높이가 종이 한 장 두께에도 못 미친다. 이렇게 '얇은, 또는 얕은' 산이지만 '정상'까지 오르려면 지구에서 높이 5킬로미터의 절벽을 오르는 데 필요한 양의 에너지를 써야 한다. 한마디로 중력이 매우 강하면, 표면에서 아주 살짝 솟은 산이라도 즉시 뭉개져 주저앉고 만다.

　　이 책을 손에든 당신이 기독교 신자라면 오시는 야훼 하느님을 맞을 준비를 하라는 이사야의 외침을 떠올릴지 모르겠다. "모든 골짜기를 메우고, 산과 언덕을 깎아내려라. 절벽은 평지로 만들고, 비탈진 산골길은 넓혀라."(「이사야」 40장 4절) 지구를 구로 만들라는 주문이다. 따지고 보면 구슬 제조의 비법 치고 강한 중력만한 게 없다. 같은 이유에서 우리는 펄서가 우주에서 가장 완벽한 구의 형태를 띠고 있으리라 예상한다.

✳

많은 수의 은하가 포함된 은하단의 경우 그 외양을 앞에 놓고 우리는 깊은 천체 물리학적 통찰을 얻게 된다. 울퉁불퉁한 은하단이 있는가 하면 어떤 것들은 가느다란 필라멘트같이 길게 늘어져 있다. 거기에 더해서 어떤 성단은 무지하게 넓은 홑이불을 연상케 할 정도로 펼쳐져 있다. 이렇게 특출한 모양을 한 성단은, 중력 진화에서 아직 안정적인 상태, 즉 구의 상태에 이르지 못한 것이다. 은하단을 구성하는 은하 중 하나가 은하단의 한쪽 끄트머리에서 다른 쪽 끝으로 이동하는 데 우주 나이 140억 년보다 더 오래 걸리는 경우도 있다. 이 정도로 광막한 공간을 차지하는 은하단들이 우주에서는 그리 예외적인 존재가 아니다. 은하단이 처음 태어날 때의 상황을 머릿속에 잠깐 그려 보자. 은하단의 형성 과정에서 구성 은하들 사이에 충돌과 조우가 빈번하게 일어나야 은하단 전체의 모양이 구형으로 빚어진다. 그런데 은하단이 차지하는 영역이 너무 넓거나 형성의 초기 단계라면, 구성 은하들이 빈번하게 충돌할 충분한 시간적 여유가 없었을 것이다.

아주 멋진 구형 은하단의 대표로 코마 은하단을 꼽는다. 코마 은하단은 앞에서 우리가 암흑 물질을 논할 때 잠깐 만났던 머리털자리 은하단이다. 외형만 봐도 중력이 이 은하단을 구형으로 빚어냈음을 금방 알 수 있다. 구형이란 사실에서부터 우리는, 그 은하단 안에 특정 방향으로 움직이는 은하가 있다면 그 방향과 다른 방향으로 움직이는 은하들도 반드시 있다고 확신할 수 있다. 구성 은하들의 운동이 모든 방향으로 고르게 분포하는 경우라야 전체적으로 구형의 은하단이 만들어질 테니 하는 말이다. 그렇다면 구의 형태를 띤 은하단은 빠르게 회전하는 은하단이 될 수는 없다. 만약 빠르게 회전한다면 우리 은하와 같이 어느 정도 납작한 회전 원반체의 구조를 갖게 됐을 것이다.

코마 은하단도 우리 은하와 같이 중력 진화의 완숙한 단계에 이른 것이다. 천체 물리학의 전문 용어를 빌린다면, 완전히 "이완(弛緩)

8 구형 천체에 숨겨진 중력의 역할

된 상태에 있는 다체계(多體系)"다. 이완계란 표현의 함의가 여러 가지다. 그중에서 무엇보다 고마운 함의는, 이완 은하단의 경우 구성 은하들의 평균 속력이 은하단의 총 질량을 나타내는 아주 훌륭한 표지라는 사실이다. 일단 이완 상태에 이른 은하단이라면 은하들의 평균 속력에서 해당 은하단의 총 질량을 쉽게 계산할 수 있다. 총 질량이 이렇게 계산됐을 경우, 그 값이 평균 속력 측정에 쓰인 은하들의 질량을 합한 것과 같아야 할 필요는 없다. 바로 이런 이유 때문에 중력적으로 이완된 상태의 다체계가 '암흑 물질' 탐사에 결정적 기여를 했던 것이다. 가만히 생각해 보면 이 사실은 중차대한 의미를 갖는다. 이완계가 아니었더라면 우주에 편재하는 암흑 물질의 존재가 오늘날까지 알려지지 않았을 수도 있다.

✳

우리가 앞에서 얘기한 모든 구형 천체들의 정상에 가장 크고 가장 완벽한 구라고 할 만한 존재, 즉 가시 우주가 자리한다. 하늘 어느 방향을 보든 은하들이 우리로부터 거리에 비례하는 속력으로 멀어지는 중이다. 이 책 모두(冒頭)의 몇몇 장에서 둘러봤듯이, 은하들의 후퇴 운동은 우주 팽창의 생생한 증언이다. 1929년 이 증언에 귀를 기울일 줄 알았던 최초의 인물이 허블이다. 아인슈타인의 일반 상대성 이론에다 광속 불변, 팽창 우주, 그리고 그 팽창에 따른 물질과 에너지 밀도의 감소 등을 감안해 분석하다 보면, 관측자인 우리가 어느 방향으로 보든 은하들의 후퇴 속력이 광속과 같아지는 특정 거리를 머릿속에 떠올릴 수 있다. 이 거리 이상 더 먼 곳에 빛을 내는 천체가 있더라도 그 천체로부터 오는 빛은 우리에게 도달하기 전에 자신이 갖고 있던 에너지를 모조리 상실한다. 이 한계 구면의 바깥은 우리에게 관측되지 않는다. 그러므로 우리에게는 과연 거기에 무엇이 있는지 알아낼 방편이 전무하다.

요즘 '다중 우주'가 자주 언급된다. 그중에 흥미로운 버전이 하나 있다. 다중 우주를 구성하는 우주들이 실은 완전히 분리된 별개의 우주들이 아니라, 동일한 시공간 연속체에 들어 있으면서 상호 작용을 할 수 없을 정도로 서로 멀리 떨어져 있는 고립된 '호주머니 우주'들이라는 주장이다. 대양(大洋)에 여러 척의 배가 떠 있을 때, 배들 사이의 거리가 너무 멀어서 개개의 수평선이 서로 겹쳐지지 않을 수 있다. 이 경우 한 배에 탄 선원들은 다른 배의 존재를 알아채지 못한다. 서로 상대방을 직접 볼 수 없기 때문이다. 특단의 조치로 얻어 낸 관측 자료가 없다면 특정 배의 선원은 자신이 대양에 떠 있는 유일한 존재라고 오해할 것이다. 동일한 대양에 여러 척의 배들이 같이 떠돌고 있음에도 말이다.

＊

ᗺ 구형 천체에 숨겨진 중력의 역할

기하학적 형태인 구가 천체 물리학자들에게 사유의 비옥한 토양을 마련해 줬다. 구를 하나의 이론적 도구로 삼아 우리는 천체 물리학의 다양한 문제들을 해결하는 통찰력을 발휘할 수 있었다. 그렇다고 우리가 구형의 광신자가 돼서도 안 된다. 목장에서 구사할 수 있는 우유 생산량의 증가 방안에 대한 농담이 하나 생각난다. 그냥 웃어넘길 농담은 아니다. 농담 속에 진담이 있다고들 하지 않던가. 먼저 축산 전문가의 제안을 들어보자.

"축우(畜牛)에게 제공하는 음식물에 신경을 써야 하지 않을까요." 옆에서 공학도가 거든다.

"착유기의 디자인을 바꿔 볼 필요가 있겠죠." 그러나 구형을 광신하는 천체 물리학자가 이렇게 말한다.

"구형 암소를 도입할 생각을 한번 해 보시는 게 어떻겠습니까."

# 9

# 눈에 보이지 않는 빛

\*

\*
\*

그러니, 그것을 손님으로 환영해 주시게나.

호레이쇼, 하늘과 땅에는 자네의 학문으로는 상상도 못 할 일들이

있다네.

—「햄릿」1막 5장

1800년대 이전까지 '빛(light)'이라고 하면 으레 사람의 눈이 감지할 수 있는 가시광을 의미했다. 물론 영어에서는 light란 단어가 동사와 형용사로 쓰이기도 하지만 말이다. 그러다가 1800년 2월 영국 천문학자 윌리엄 허셜이, 눈에 보이지 않는 모종의 빛이 열기를 띨 수 있음을 최초로 알아낸다. 당시 허셜은 이미 세상이 알아주는 관측 천문학자였다. 1781년 천왕성의 발견으로 명성이 자자했다. 허셜은 천왕성 발견의 쾌거를 이룬 후, 태양에서 오는 빛의 색깔과 열기 등의 상호 관계를 파고들었다. 태양에서 오는 한 줄기의 빛을 프리즘에 통

과시켰다. 여기까지는 허셜의 새로운 발상이라고 할 게 없다. 이미 1600년대 아이작 뉴턴이 프리즘을 통과한 태양빛에서 빨주노초파남보*의 일곱 가지 색깔을 알아볼 수 있었기 때문이다. 그러나 허셜은 한 걸음 더 나아가 무지개 일곱 색깔의 빛이 내는 각각의 열기 정도가 어떻게 다른지 확인하고 싶었다. 모든 색깔이 동일한 열기를 갖지는 않을 것이라 의심했던 것이다. 그래서 허셜은 프리즘이 만든 무지개의 일곱 색깔 띠 각각에 온도계를 놓고 눈금을 읽었다. 허셜의 생각대로 색깔에 따라 온도가 다르게 측정됐다.**

실험을 통해 뭔가를 주장하려면 대조 실험을 같이 해야 한다. 자신이 구상한 실험을 통해 뭔가를 규명해 보고자 한다면, 그와 같은 효과가 나타나지 않을 것으로 예상되는 실험을 구상해 동시에 수

---

* 우리는 초등학생 시절부터 무지개의 일곱 가지 색깔을 '빨간색, 주홍색, 노란색, 초록색, 파란색, 남색, 보라색'의 머리글자를 따서 '빨주노초파남보'라고 외워 왔다. 서양에서는 일곱 가지 색 'Red, Orange, Yellow, Green, Blue, Indigo, Violet'의 머리글자만을 따서 'Roy G. Biv'라는 표현을 만들어 기억을 돕는다. — 옮긴이

** 천문학적 문제 해결에 분광계가 사용되기 시작한 게 19세기 중엽이었다. 분광계의 등장과 더불어 천문학자가 비로소 천체 물리학자가 됐다고 해도 과언이 아니다. 오늘날 권위를 자랑하는 천체 물리학 학술지 《천체 물리학 저널(*Astrophysical Journal*)》의 창간호가 발간된 게 1895년이다. 이 학술지의 부제가 "분광학과 천문 물리학의 국제 개관 논문 학술지(An International Review of Spectroscopy and Astronomical Physics)"인 것만 봐도, 우리는 천체 물리학의 탄생이 분광계의 출현과 맞물려 있음을 알 수 있다.

행하고 둘의 결과를 비교함으로써 자신이 오류에 빠질 위험을 미연에 방지해야 한다. 예를 하나 들어보자. 맥주가 튤립에 미치는 영향을 조사한다고 치자. 이때 종류와 크기가 같은 튤립 구근 두 개를 실험 대상으로 삼아 하나에게는 맥주를 주고 다른 하나는 맥주 대신 물을 준다. 둘이 다 죽었다면 "알코올이 튤립 성장에 치명적이다."라고 주장을 할 수 없을 것이다. 알코올을 받아먹은 튤립이 죽었는데 물을 먹은 것은 살아야, 튤립에게 알코올을 줘서는 안 된다고 주장할 수 있을 것이다. 이것이 바로 대조 실험을 해야 하는 이유다.

허셜도 물론 대조 실험의 필요성을 잘 알고 있었다. 그래서 그는 빨간색 띠 바로 바깥 아무 색깔의 빛도 보이지 않는 곳에도 온도계를 올려놓았다. 실험이 진행되는 동안 대조 실험용 온도계의 눈금은 실험실 내부의 온도를 나타낼 것으로 예상하면서 말이다. 그런데 결과는 자신의 예상과 다르게 나타났다. 빨간색 바깥에 놓인 온도계가 실온보다 높은 온도를 보이지 않는가.

허셜이 자신의 실험 결과를 보고하는 글의 일부를 읽어 보자.*

(내가) 내린 결론은 이렇다. 빨간색의 빛이 가장 강한 열기를 나타내지 않았다. 열기의 정점은 굴절된 가시광선 띠의 약간 바깥에 있지 싶었

---

* William Herschel, "Experiments on Solar and on the Terrestrial Rays that Occasion Heat," *Philosophical Transactions of the Royal Astronomical Society*, 1800,

다. 그렇다면 빛이 동반하는 열의 전부는 아니더라도 적어도 일부는 사람 눈에 보이지 않는 빛에도 있음이 틀림 없다. 글쎄 '눈에 보이지 않는 빛'이란 표현이 빛의 통념에서 벗어나기는 하지만, 나는 이렇게 표현할 수밖에 없다. 태양으로부터 오는 빛다발에는 인간의 시각을 자극하지 못하는 성분이 포함되어 있는 것이다.

눈에는 보이지 않는 빛이 존재하다니, 눈에 보이지 않지만 녹음기에는 뭔가 자신의 흔적을 남기는 영적(靈的) 존재를 가리키는 유튜브(YouTube)적 비명 "Holy s#%t"을 연상케 한다!

허셜은 빨간색 바깥의 빛, 즉 '적외선(赤外線)'을 발견했던 것이다. 허셜은 '빨주노초파남보'만인 줄로 알았던 스펙트럼의 빨간색 바로 밑에서 전혀 새로운 적외선 대역이 존재함을 실험을 통해 입증할 수 있었다. 빛에 관해 그가 발표한 네 편의 논문 중 첫 번째 편이 바로 적외선의 발견을 다루고 있다.

천문학에서의 허셜의 적외선 발견은 생물학에서의 안톤 판 레이우엔훅의 '미생물'의 발견에 견줄 만하다. 레이우엔훅은 호수에서 떠올린 물방울 하나에서 "매우 작지만 살아 움직이는 아주 예쁜 극미세 동물"*을 봤던 것이다. 레이우엔훅이 발견한 단세포 생물, 그것은 그것대로 하나의 생물학적 우주였다. 한편 허셜은 빛의 새로운

---

* 레이우엔훅이 런던 왕립 학회에 보낸 1676년 10월 10일자 편지.

대역을 발견했다. 둘 다 우리의 무심한 시선에서 꼭꼭 숨어 있었던 존재다.

전자기파의 전체 스펙트럼은, 낮은 에너지, 즉 저주파수 대역에서 높은 에너지, 즉 고주파수 대역으로 옮겨 가며 전파, 마이크로파, 적외선, 빨주노초파남보의 가시광, 자외선, 엑스선, 그리고 감마선 같은 대역이 순차적으로 차지한다. 현대 문명은 이 각 대역의 특성을 살려 일상과 산업의 다양한 분야에 각 대역의 전자기파를 썩 잘 활용하고 있다. 현대인이라면 누구라도 전자기파의 각 대역을 활용한 기계 장치를 한두 개쯤 매우 익숙하게 다루고 있을 것이다.

✳

일찌감치 자외선(UV)와 적외선(IR)의 존재가 확인됐지만 이 파장 대역이 실제 천체 관측에 활용되기에는 긴 세월을 기다려야 했다. 인간의 시각(視覺)이 감지하지 못하는 대역을 검출할 망원경이 만들어지기까지 무려 130년이 걸렸다. 전파, 엑스선, 그리고 감마선 등이 발견되고도 한참 후였으며, 독일 물리학자 하인리히 헤르츠가 각기 다른 대역의 빛이 갖는 차이가 해당 전자기파의 주파수뿐임을 입증한 지도 꽤나 긴 세월이 지난 다음이었다. 전자기파라는 것이 있음을 확인한 헤르츠의 공로를 기리기 위해 우리는 전자기파뿐 아니라 음파를 포함한 모든 파동의 주파수를 측정하는 단위로 헤르츠(Hz)를 사용한다. 주파수란 어떤 파동이 1초에 몇 번씩 진동하느냐를 일컫는 물리학 용어다.

이상하게도 천체 물리학자들은, 천체가 방출하는 전체 파장 대역의 빛 중에서 새로 발견된 대역의 빛을 검출할 생각을 선뜻 하지 못했다. 천체를 가시광 이외의 빛으로 관측할 생각을 하게 되기까지 꽤나 긴 시간이 걸렸다는 말이다. 그것은 전자기파의 주파수 대역마다 그 대역의 빛을 검출할 수 있는 기술이 따로 개발돼야 했기 때문이다. 물론 인간의 오만이 이 경우에도 한몫을 했다. 천체가 감히 인간의 고귀한 시각이 감지할 수 없는 빛을 방출할 수 있겠느냐는 오만에 한동안 사로잡혀 있었기 때문이기도 했다. 갈릴레오 시대로부터 에드윈 허블에 이르기까지 300년 이상 망원경 제작 목적은 오로지 한 가지였다. 사람에게 주어진 생물학적 가시광 감지 능력을 보완하고 확장하는 데에만 연연해 왔던 것이다.

망원경이란 따지고 보면 우리의 보잘것없는 감각 기능을 도와주는 도구일 뿐이다. 멀리 있는 물체를 확실하게 볼 수 있도록 해 주는 것이 망원경의 전통적 기능이었다. 망원경의 구경이 크면 클수록 원거리에 있는 물체의 흐릿한 이미지를 더욱 선명하게 알아볼 수 있다. 또 반사 망원경의 거울 표면이 매끈하면 매끈할수록 이미지가 점점 더 선명해진다. 여기에 더해서 광 검출 소자가 민감하면 민감할수록 관측의 효율이 높아지는 것은 당연하다. 그렇지만 망원경이 지구에서 활동하는 천체 물리학자들에게 가져다주는 모든 정보는 결국

빛에 얹혀서 온 것이다.

천상에서 벌어지는 사건이 어떻게 사람의 망막이 감지하기 쉬운 활동에만 국한될 수 있겠는가. 천체는 가시광뿐 아니라 모든 파장 대역에서 전자기파, 즉 빛을 방출한다. 물론 파장 대역마다 방출되는 빛의 세기가 다를 수 있다. 그러므로 다양한 파장 대역의 빛을 감지할 수 있는 각기 다른 광 검출 소자가 장착된 여러 종류의 망원경으로부터 도움을 받을 수 없다면, 천체 물리학자들은 우주에서 벌어지는 기상천외한 사건들에 대해 완전히 무지한 상태에 머물러 있을 수밖에 없다.

폭발하는 별, 즉 초신성의 경우를 예로 들어 설명하면 이해하기 쉬울 것이다. 초신성 폭발은 우주에서 흔하게 볼 수 있는 현상이다. 초신성이 폭발할 때마다 엑스선 복사를 포함해 어마어마한 양의 고에너지 광자가 우주로 쏟아져 나온다. 때로는 감마선이 폭발적으로 방출되고 자외선 섬광이 그 뒤를 따른다. 가시광은 따로 언급할 필요도 없다. 폭발에 관여한 기체가 충분히 식은 지 한참 후, 폭발 충격파의 에너지가 소진되고 나면, 가시광 방출도 격감한다. 이런 상황에서도 초신성 잔해는 적외선 대역에서 계속해서 빛을 낸다. 또 이때 매우 규칙적인 전파 신호가 방출되기도 한다. 그것은 초신성 잔해의 한복판에 자리하는 펄서가 내는 것이다. 그 전파 신호의 방출 주기가 매우 일정하기 때문에 펄서는 우주에서 가장 정확한 시계라고 할 수 있다.

9 눈에 보이지 않는 빛

별의 폭발 현상은 먼 은하들에서 쉽게 관측된다. 외부 은하라면 망원경 시야에 여럿이 한꺼번에 들어올 수 있기 때문이다. 그러나 우리 은하 안에서 별이 폭발할 경우 폭발 현장이 가까이 있으므로, 지구인은 폭발로 생을 마감하는 별의 '단말마적 몸부림'을 망원경의 도움 없이 그냥 육안으로 알아볼 수 있다. 별의 폭발은 강렬한 가시광 방출을 동반한다. 하지만 지구인 그 누구도 최근 우리 은하에서 폭발한 두 건의 초신성 폭발에서 엑스선이나 감마선을 직접 감지할 수는 없었다. 하나는 1572년, 다른 하나는 1604년에 있었던 폭발이다. 가시광으로 드러난 폭발의 실상이 전 세계인을 깜짝 놀라게 했음에도 엑스선과 감마선을 검출할 수 없었다. 세계 도처에 그 놀라운 폭발의 증거가 남아 있다.

각 대역의 파장 또는 주파수에 따라 그 빛을 검출할 수 있는 하드웨어를 각각 다르게 설계 · 제작해야 한다. 한 종류의 광 검출 장치를 부착한 망원경으로는 별의 폭발과 같은 현상을 파장을 달리하는 다양한 대역에서 동시에 관측할 도리가 없다. 지구 대기도 지상에서 관측 가능한 파장 대역을 제한한다. 그렇다고 이 문제를 해결할 길이 아주 없는 건 아니다. 다양한 파장 대역에서 각기 작동하는 장치를 설치한 우주 망원경을 대기권 밖으로 올려 보낸다. 이러한 우주 망원경으로 각 파장 대역에서 관측한 자료를 한데 모아 여러 가지 분석을 하면 된다. 천문학에서 공동 연구의 중요성이 부각되는 대목이다. 가시광 이미지를 비가시광 대역에서 획득한 이미지들과 합성함으로써 하나의 메타 데이터베이스를 구축한다. 텔레비전 드라마 「스타 트렉: 더 넥스트 제너레이션」에서는 기관장인 조르디 라 포지가 이러한 이미지 합성 방식으로 세상을 본다. 현대 과학 기술의 도움으로 확장된 시감각(視感覺)을 갖춘 사람이라면 잃을 게 하나도 없다.

천체 물리학자들은 자신의 관심과 취향에 따라 관측에 사용할 파장 대역을 먼저 결정한다. 그다음에 망원경의 거울 크기, 경면의 재질과 모양에다 경면의 정밀도, 그리고 해당 파장의 빛을 검출할 소자 등을 차례로 정한다. 예를 들어 엑스선 대역의 빛은 파장이 매우 짧다. 이렇게 짧은 파장의 빛을 받아 누적시키려면 관측에 동원할 망원경의 경면이 그만큼 매끈해야 한다. 만약 경면의 울퉁불퉁한 정도가 파장과 엇비슷한 수준이라면 이미지의 질이 심각하게 훼손될 수밖에 없다. 한편 파장이 매우 긴 전파의 신호를 축적할 경우, 전파 망원경의 경면은 닭장에 쓰이는 철사 망처럼 엉성해도 좋다. 울퉁불퉁한 철망 눈의 크기가 전파의 파장보다 훨씬 짧기 때문이다. 이것이 스토리의 전부가 아니다. 누구나 고해상도의 이미지를 얻고 싶어 한다. 고해상도의 이미지를 원한다면 망원경의 구경이 커야 한다. 경면의 크기가 관측에 동원되는 대역의 파장보다 엄청나게 커야 하는 건 어느 대역에서든 고해상도의 이미지를 얻는 데 당연히 충족돼야 할 선결 조건이다. 망원경의 크기와 추구하는 분해능이 전파 망원경을 건설하는 데 가장 심각한 문제로 대두된다. 전파의 경우 파장이 워낙 길기 때문이다.

9 눈에 보이지 않는 빛

*

그럼에도 가시광 이외 전자기파 대역에서 작동하는 망원경으로서 맨 처음 만들어진 것이 '전파' 망원경이다. 전파 망원경의 출현으로 말미암아 천문대의 놀라운 아종(亞種)이 하나 탄생한 것이다. 1929년과 1930년 사이에 미국의 엔지니어 칼 잰스키가 전파 망원경을 구축하는 데 성공했다. 이 망원경은 얼핏 보기에, 외양이 농장에서 흔히 볼 수 있는 자동 이동 살수기와 비슷하게 생겼다. 여러 개의 금속제 직사각형 프레임 각각을 목재 십자 지지대 하나하나에 단단히 고정시킨 다음, 회전과 이동이 가능하도록 설계된 받침판 위에 올려놓았다. 철제 직사각형 프레임이 성인 키와 비슷한 규모이며 전체 길이는 30여 미터에 이른다. 전체적으로는 회전 목마를 닮았다고나 할까. 모델 T 포드 자동차에서 떼어 낸 휠과 부속품 등을 활용한 잰스키의 재치가 엿보이는 작품이었다. 길이 30미터는 파장이 15여 미터인 전파를 수신할 요량으로 특별히 선택한 것이었다.* 주파수 20.5메가헤

---

\* 파동은 종류에 무관하게 모두 속도＝주파수×파장의 아주 간단한 관계가 성립한다. 파동의 진행 속도가 일정한 경우, 파장이 증가하면 주파수는 감소한다. 뒤집어 얘기하면, 파장이 짧을수록 주파수는 높다는 뜻이다. 파장과 주파수가 반비례 관계에 있기 때문에 파동의 진행 속도는 파장이나 주파수에 무관하게 일정하다. 이러한 관계는 빛, 소리, 심지어 팬들이 경기장에서 보이는 반응 등 모든 진행파에 적용된다.

르츠의 전파를 잡고자 했던 것이다. 당시 벨 전화 회사는 전파 교신에 잡음을 일으키는 지상 전파원들을 모조리 찾아내고자 했다. 이 임무가 잰스키에게 떨어졌던 것이다. 이로부터 35년 후 벨 연구소는 펜지어스와 윌슨에게 자신들이 만든 수신기에 잡히는 마이크로파 대역 잡음의 정체를 규명하라고 했다. 잰스키에게 주어졌던 것과 같은 성격의 임무였다. 이 연구가, 우리가 3장에서 봤듯이, 결국 마이크로파 우주 배경 복사의 발견이라는 엄청난 사건으로 이어졌다.

잰스키는 임시방편으로 마련한 자신의 안테나에 잡히는 '쉬익' 하는 전파 잡음을 온갖 고생을 다해 시간과 공간 축에서 지속적으로 추적했다. 놀랍게도 전파 잡음은 천둥을 동반하는 폭풍우 같은 지상 전파원에서만 발생하는 게 아니었다. 은하수 중심부, 그러니까 우리 은하의 중심부에서도 전파 신호가 오고 있었다. 당시로서는 놀라운 발견이었다. 은하 중심은 23시간 56분에 한 번씩 망원경의 시야를 통과한다. 이 주기는 지구 상에서 한 사람이 태양을 연속으로 정남에서 만나게 되는 주기인 24시간보다 4분이 짧다. 그럴 만한 이유가 있다. 지구는 태양을 중심으로 하는 궤도를 따라 하루에 약 1도씩 이동한다. 따라서 지구 상 한 위치에서 관측자가 태양을 정남에서 연속으로 다시 만나게 되는 데까지 걸리는 시간은, 지구의 우주 공간에서 진짜 자전 주기보다 4분 정도 더 길 수밖에 없다. 그렇지만 지구로부터 별이나 은하의 중심까지는 지구-태양 간보다 워낙 멀기 때문에, 지구의 태양 중심 궤도 운동이 별이나 은하 중심을 기준으로 한 겉보

9 눈에 보이지 않는 빛

기 자전 주기에는 아무런 변화를 줄 수 없다. 따라서 태양에서 멀리 떨어진 별이나 은하 중심 등은 23시간 56분에 한 번씩 관측자의 자오선을 통과하게 된다. 자신이 만든 엉성한 안테나에 잡힌 전파 신호의 세기가 24시간이 아니라 23시간 56분을 주기로 반복해서 변한다는 사실로부터 잰스키는 이 신호가 지상 전파원이 아니라 우주에서 오는 것이라고 판단했다. 그는 이 결론을 「지구 바깥에서 오는 전기적 교란」이란 제목의 논문으로 전파 공학 학술지에 발표했다.*

잰스키의 바로 이 관측이 전파 천문학의 탄생을 알리는 신호탄이었다. 하지만 그 후 전파 천문학의 화려한 무대에서 잰스키 자신은 배제되었다. 그 사연이 우리를 짠하게 한다. 벨 연구소가 잰스키에게 새로운 임무를 부여해 그가 이룩한 독창성 만점의 발견이 앞으로 거둬 들일지 모르는 엄청난 가치의 연구를 더 이상 추구할 수 없게 실제로 '강제'했기 때문이다. 그리고 세월이 몇 년 더 흘렀다. 미국 일리노이 주 휘튼 출신의 그로트 레버가 독자적으로 폭 10여 미터의 금속제 접시형 안테나를 조립해 자기 집 뒤뜰에 설치하고 전파 관측에 들어간다. 드디어 1938년 그는 잰스키의 발견을 확인했으며, 그 후 5년 동안 계속 관측해서 낮은 분해능의 전파 지도를 전체 하늘에 걸쳐 완성할 수 있었다. 외부로부터 재정 지원을 받지 않은 채 독

---

\*   Karl G. Jansky, "Electrical Disturbances Apparently of Extraterrestrial Origin," *Proceedings of the Institute for Radio Engineers* 21, no. 10(1933): 1387.

자적으로 수행한 연구의 빛나는 성과였던 것이다.

레버의 망원경은 그 자체로서 전례를 찾아볼 수 없는 존재였지만, 오늘날 관점에서 보면, 그것은 소규모의 전파 망원경일 뿐 아니라 다분히 조잡한 구조를 하고 있었다. 현대 전파 망원경은 턱없이 거대한 규모이기에 개인의 집 뒤뜰에 설치될 성질의 것이 아니다. 제대로 설치된 최초의 거대 전파 망원경이라고 할 MK 1을 예로 살펴보겠다. 1957년부터 관측을 시작한 MK 1은, 영국 맨체스터 시 남쪽 32킬로미터 조드럴 뱅크에 위치한 조드럴 뱅크 천문대 소유의 여러 전파 망원경 중 하나다. 지향 방향을 마음대로 조정할 수 있는 지름 76미터의 강철제 접시형 안테나를 주축으로 하는 MK 1이 운영을 시작한 지 두어 달 후에 (구)소련이 스푸트니크 1호를 발사했다. 이에 따라 조드럴 뱅크의 접시형 안테나가 지구를 공전하는 이 자그마한 쇳덩어리를 추적할 수 있는 최적의 망원경으로 각광을 받게 된다. 그러니까 MK 1은 오늘날 행성간 공간을 탐사하는 우주선들을 추적하는 심우주망(Deep Space Network)의 선구자적 존재였던 셈이다.

현재 세계 최대 구경의 전파 망원경은 2016년에 완성된 FAST이다. 반사면이 구경 500미터의 구면으로 돼 있다. FAST를 풀어쓰면 Five‐hundred meter Aperture Spherical radio Telescope이다. 중국 구이저우 성에 있는데 전체 경면의 넓이가 미식 축구장 30개를 합한 것보다 더 넓다. 만약 외계인이 우리에게 신호를 보낸다면 FAST라는 이름의 '귀'를 달고 있는 중국인들이 제일 먼저 알아들을 것이다.

*

앞에서 우리는 단일 안테나의 전파 망원경을 주로 얘기했다. 그런데 아주 넓은 평지에 동일한 접시 안테나를 여러 개 길게 늘어놓은 전파 간섭 망원경도 있다. 안테나 각각이 수신하는 전파 신호를 전기적으로 연결해 하나의 거대한 안테나같이 작동하도록 만든 것이다. 이와 같은 전파 간섭계를 사용하면 전파를 방출하는 천체의 초고분해능 이미지를 구축할 수 있다. "제발 슈퍼 사이즈로 만들어 주시오."가 망원경 제작의 불문율이다. 이 슬로건이, 패스트푸드 업계가 자기네 광고에 활용하기 훨씬 전부터, 천문학계에서는 비장의 소원을 알리는 표현이었다. 전파 간섭계야말로 하나의 점보 전파 망원경이다. 미국 뉴멕시코 주 소코로 인근 사막에 자리 잡은 전파 망원경들의 거대한 배열, VLA를 보기로 하자. Very Large Array의 두문자를 딴 VLA는, 장장 35킬로미터의 사막을 가로지르는 철로 위에 지름 25미터의 접시형 안테나 27기를 늘어놓은 초거대 전파 간섭계 망원경이다. 영화 「2010 우주 여행」(1984년), 「콘택트」(1997년), 「트랜스포머」(2007년) 등의 배경 장면으로 VLA가 나오는 것만 봐도 이 거대한 전파 간섭계의 정체가 우주 탐사와 직결돼 있음을 직감할 수 있다. 또 초장기선 배열(Very Long Baseline Array, VLBA)도 빼놓을 수 없다.

VLBA의 경우 기선(基線)이 태평양을 가로질러 섬과 섬을 잇는다. 하와이 섬에서 버진 군도에 이르는 장장 8,000킬로미터의 기선에 지름 25미터 접시형 아테나 10개를 늘어놓았다. 현재 VLBA가 지구 상 그 어느 전파 망원경보다 높은 해상도를 자랑한다.

마이크로파 대역에서의 전파 간섭 관측은 비교적 최신의 관측 기법이다. 전파 망원경 66개가 늘어서 있는 ALMA는 그 자체만으로 하나의 장관이다. Atacama Large Millimeter Array의 두문자를 딴 ALMA는 칠레의 북부 안데스 산맥 오지 아타카마 사막에 세워져 있다. 작동 파장이 수백 마이크로미터에서 수 센티미터에 이르는 대역에 맞춰져 있는 ALMA는, 다른 파장 대역의 전파 수신기로는 접근이 사실상 불가능한 우주적 사건이라 할 성간 기체 구름의 중력 붕괴 현장을 최고의 해상도로 생생하게 보여 준다. ALMA를 사용해 천체 물리학자들이 중력 붕괴 중인 성간운의 내부 구조를 샅샅이 알아볼 수 있다는 얘기다. 파장 0.1밀리미터에서 수 센티미터에 이르는 전파 대역 이외의 대역에서 오는 빛에게는 성간운의 수축과 별의 탄생 현장이 짙은 베일에 가려져 있다. ALMA가 자리 잡은 해발 4킬로미터의 사막 지대에서는 물기를 머금은 구름층이 망원경 저 아래에 깔린다. 아타카마 사막은 지구에서 가장 건조한 지역이다. 여기에 ALMA를 설치한 특별한 이유가 물론 있다. 마이크로파를 이용하는 전자레인지의 경우 식자재에 함유된 물이 요리의 필수 성분으로 기능하지만, 천체 물리학자들에게는 최악의 기피 대상이 대기 중에 포

169                           9 눈에 보이지 않는 빛

함된 수증기다. 왜냐하면 수증기 분자가 외부 은하를 비롯한 먼 우주에서 귀중한 정보를 갖고 날아오는 마이크로파를 마구잡이로 씹어 삼키기 때문이다. 마이크로파는 수증기 분자에 아주 잘 흡수된다. 전자레인지는 대부분의 식자재에 포함돼 있는 물기가 마이크로파를 잘 흡수한다는 사실을 십분 활용한 생활의 이기다. 그렇지만 천체로부터 오는 마이크로파 신호를 수신하려는 우리의 노력에 대기 중에 포함된 물의 존재는 상극으로 작용할 게 뻔하다. 우주 저편에 위치하는 각종 천체들의 마이크로파 대역에서의 이미지를 선명하게 잡아내려면 망원경과 해당 천체 사이에 놓이는 수증기의 양을 최소로 줄여야 할 필요가 있다. 바로 이러한 이유에서 ALMA가 오지 중 오지라 할 안데스의 극도로 건조한 아타카마 사막으로 들어가야 했던 것이다.

*

전자기파의 전체 스펙트럼에서 단파장의 끄트머리에, 즉 높은 주파수 대역, 다시 말해서 높은 에너지를 갖는 대역에 감마선이 있다. 감마선의 파장은 너무 짧아서 측정 단위로 피코미터를 사용한다.* 감마선은 이미 1900년에 발견됐지만, 우주에서의 실제 검출은 미국 항

---

* 피코(pico)란 미터법에서 1조분의 1, 즉 $10^{-12}$를 의미하는 접두어다.

공 우주국 NASA가 우주선 익스플로러 11호에 새로운 개념의 망원경을 실어 올리던 1961년까지 기다려야 했다.

SF 영화를 많이 본 독자라면 감마선이 건강에 해롭다는 사실을 잘 알고 있을 것이다. 감마선에 쬔 사람이 온통 초록색으로 변하거나 근육질이 되거나 아니면 손목에서 거미줄이 방출되는 이상한 장면을 봤을 것이다. 하지만 감마선은 붙잡기가 쉽지 않다. 감마선이 통상의 렌즈나 거울을 그냥 통과해 버리기 때문이다. 그렇다면 감마선 관측은 어떻게 이뤄질 수 있었단 말인가. 익스플로러 11호에 실린 망원경의 핵심부에 섬광기라 불리는 장치가 있었다. 여기에 감마선이 들어와 부딪치면 하전 입자가 방출되면서 섬광이 인다. 방출된 하전 입자의 에너지를 측정하면 그 섬광이 어느 정도로 높은 에너지를 갖는 감마선에 의한 것인지 알 수 있다.

(구)소련, 영국, 그리고 미국이 제한적 핵실험 금지 조약에 서명한 지 2년 후였다. 이 조약으로 수중이나 지구 대기 또는 우주 공간에서의 핵실험은 금지됐다. 지하 핵실험과 달리 이러한 경우 방사능 낙진이 자국의 경계를 넘어 다른 나라로 확산될 위험이 크기 때문이다. 그러나 당시는 냉전 시대였다. 상대방이 뭐라고 약속을 했다고 해도, 당시는 서로 그 약속을 믿을 수 있는 시대적 상황이 아니었다. 그러므로 군 당국은 "믿겠지만 확인이 가능토록 하라."라는 원칙을 일종의 칙령처럼 받들어야 했다. 미국은 일련의 벨라 위성들을 띄워 (구)소련의 핵실험에서 비롯할지 모르는 감마선 폭발을 감시하기로

9 눈에 보이지 않는 빛

한다. 그런데 거의 하루도 거르지 않고 벨라 위성에서 감마선 폭발이 검출되는 것이 아닌가. 알고 봤더니 그건 (구)소련을 탓할 문제가 아니었다. 우주에서 벌어지는 감마선 폭발 현상이 벨라 감시 위성의 검출기에 걸린 것이었다. 그 결과로 우리는 거대한 규모의 별 폭발이 우주 전역 아주 먼 거리에서 간헐적으로 일어난다는 사실을 알게 됐다. 감마선 천문학이 태동하는 계기였다. 감마선 천문학은 한때 나도 관여했던 연구 분야이기도 하다.

NASA가 띄운 콤프턴 감마선 천문대에서 1994년 뭔가 이상한 신호가 잡혔다. 벨라 위성의 경우와 마찬가지로 의외의 발견이었다. 지표면 근처에서 감마선 섬광이 자주 보였던 것이다. 이 신호에 "지구 기원의 감마선 섬광"이란 이름이 붙여졌다. 어딘가에서 핵폭탄에 의한 대규모 학살이 자행되고 있는 건 아닐까? 물론 이건 지나친 상상이었다. 당신이 이 책을 읽고 있다는 사실만 보아도 핵에 의한 대량 살상의 증거는 아니었을지 싶다. 그렇다면 무엇이란 말인가. 감마선의 폭발이 모두 다 인간에게 치명적인 것은 아니다. 적어도 하루에 50회 이상 감마선 폭발 현상이 폭풍우를 동반한 구름 상층부에서 관측된다. 그리고 즉시 우리에게 익숙한 통상의 번개가 하늘을 가른다. 이렇게 잦은 감마선 폭발의 자세한 발생 기작은 아직 신비의 영역으로 남아 있다. 그래도 애써 설명해 본다면 다음과 같다. 뇌우를 동반하는 전기적 폭풍이 일어날 경우 자유 전자들이 광속에 육박할 수준으로 가속된다. 이렇게 가속된 고속의 전자가 지구 대기를 구성하는 원자핵을 때릴 때 감마선이 방출되는 것으로 추측된다.

*

오늘날에는 전자기파 스펙트럼의 비가시광 대역마다 대역 고유의 망원경들이 각기 운영되고 있다. 지상 천문대에서 운영되는 것도 있지만, 지구 대기에 의한 흡수를 피할 목적으로 우주 공간에서 작동하는 망원경이 대부분이다. 현대 천문 관측 기술의 발달로 우리는 우주에서 벌어지는 극적 현상들을 길게는 파장 10여 미터의 전파에서부터 짧게는 $10^{-12}$미터의 감마선까지 전자기파의 전 주파수 대역에 걸쳐 예의 주시할 수 있게 됐다. 풍부한 색조의 빛을 발산하는 천체 물리학적 현상에는 그 다양성의 끝이 없는 듯하다. 은하 내부의 별과 별 사이에 얼마나 많은 기체가 존재하는지 궁금하다면 전파 망원경에 도움을 청하는 게 정석이다. 마이크로파 대역에서 작동하는 망원경이 없었다면 우주 배경 복사의 존재를 몰랐을 뿐 아니라, 그렇기 때문에 대폭발의 실질적인 이해를 도모할 수 없었을 것이다. 은하의 성간운 내부에서 벌어지는 별의 탄생 과정을 엿보고 싶다면 적외선 망원경에 관심을 가져야 할 것이다. 통상의 블랙홀은 물론, 은하 중심에 자리하는 거대 질량 블랙홀 주위에서 방출되는 신비의 빛을 검출하려면 두말할 것도 없이 자외선과 엑스선 대역에서 작동하는 망원경으로 당신의 관심을 돌려야 할 것이다. 중량급 별의 폭발 현상은 또 어떤가. 태양 질량의 40배 이상 되는 질량을 가진 중량급 별은 극도로 높은 에너지를 동반하는 거대한 규모의 폭발로 자신의 생애를 마감한다. 이 천상 드라마를 감상하는 데는 감마선 망원경이 최적의 선택이다.

우리는 허셜이 "인간의 시각을 자극하지 못하는" 빛의 존재를 알아낸 실험에서 출발해서 참으로 긴 여정을 돌아 여기까지 왔다. 전자기파동의 전체 스펙트럼에서 가시광 대역 바깥에도 빛이 존재함을 알아냄으로써, 우리는 '우주가 이럴지 모른다.'는 식의 단순한 추측이 아니라, 이제는 '이렇다!' 하고 확신할 수 있는 능력을 갖게 됐다. 그러므로 허셜은 자신의 발견을 자랑스럽게 여길 충분한 자격을 갖췄다고 하겠다. 눈으로 볼 수 없는 신호까지 검출할 수 있는 능력을 소유하게 됨으로써, 인류는 진정한 의미의 우주적 시각을 갖게 됐다. 이 우주적 시각을 바탕으로 이제 우리는 아찔하게 먼 시공간을 가로질러 일어나는 다종다기한 현상과 인간의 상상을 초월하는 온갖 천체의 집합들에 대해 꿈꾸고 사색한다.

# 1o

# 행성과 행성 사이

*

*

태양으로부터 어느 정도 멀리 떨어진 곳에서 태양계를 조망한다면 태양계 전체가 텅 빈 공간으로 보일 것이다. 좀 더 정량적으로 얘기하자면 이렇다. 태양계 최외곽 지대에 해왕성이 자리한다.* 태양계 전체를 해왕성을 아우르는 거대한 구로 감쌌다고 했을 때, 태양과 행성, 그리고 행성에 딸린 위성 등 모두가 구 전체의 1조분의 1 남짓한 부분을 차지할 뿐이다. 그렇다고 해서 완전 진공이라 생각하면 오산이다. 행성들 사이의 공간은, 온갖 크기와 형태의 바위덩이, 자갈, 얼음덩이, 미세 고체 입자, 전기를 띤 입자, 그리고 지구에서 멀리까지 날아간 우주 탐사선 등이 활동하는 분주한 세상이다. 이런 인공 및 자연 천체들에 더해서 괴물과 같은 기능을 발휘하는 중력장과 자기

---

* 명왕성이 태양계의 최외곽에 자리하는 행성이 아니다. 명왕성이 행성이라는 생각 자체를 이제 접어야 한다.

장이 공간 곳곳에 속속들이 스며 있다.

　　그러므로 행성과 행성 사이는 물질 부재의 텅 빈 공간이 결코 아니다. 지구만 놓고 보더라도 초속 30킬로미터의 속력으로 이 공간을 궤도 운동하면서 매일 수억 톤의 유성체들과 부딪친다. 이 충돌 유성체 거의 대부분이 모래알보다 작은 미소 유성체지만 말이다. 유성체들은 대기와의 마찰로 인해 지표에 떨어지기 전에 거의 전량이 대기 중에서 산화하고 만다. 충돌에 따른 운동 에너지가 워낙 커서 유성체가 지구 대기에 진입하는 순간 높은 온도로 가열되고 고체에서 바로 기체로 승화한다. 따지고 보면 연약하기 이를 데 없는 인류라는 생명종은 대기권이라는 보호막 덕분에 현재 수준으로 진화해 올 수 있었다. 유성체가 지구 대기권에 진입할 때 유성체 표면이 균일하게 가열되지 않으므로 골프공만한 유성체라도 승화 단계의 이르기 전에 여러 개의 작은 조각으로 깨진다. 이보다 덩치가 더 큰 경우에는 대기 중에서 타다 남은 잔해가 지표에 다다르기도 한다. 이렇게 지면에 떨어진 유성체의 표면은 검게 탄 모습이 역력하다. 대기 중에서 타다가 지표에 떨어진 유성체를 우리는 운석이라 부른다. 지구가 태어난 지 46억 년의 세월이 흘렀으니, 지구는 자신의 궤도를 46억여 번 완주하면서 '진공 청소기' 역할을 충실히 해냈을 것이다. 찌꺼기 조각들이 지구와의 충돌로 인해 지구 궤도에서 완전히 제거됐을 것이다. 한때의 사정은 이보다 더 극적이었다. 태양과 태양이 거느린 행성들이 만들어지고 난 지 한 5억 년 동안은, 행성이 만들어지는 데 쓰이고 남은 다양한 크기의 암석덩이들이 지구와 끊임없이 충돌했다. 유성체의 폭우가 쏟아졌다. 유성체에 의한 융단 폭격이 있었던 셈이다. 충돌에 따른 엄청난 양의 열에너지가 지구 대기를 고온으로 가열하고 지각 물질을 용융 상태의 용암으로 들끓게 했다.

우리의 달은, 원시 지구에 비해 덩치가 무시할 수 없을 정도로 큼직한 원시 행성체 하나가 원시 지구와 충돌하는 과정에서 탄생했다. 아폴로 우주 비행사가 달에서 가져온 돌덩이들의 화학 조성을 정밀 분석해 본 결과 달에는 철을 비롯해 여타의 중원소들이 극도로 부족하다는 사실이 밝혀졌다. 그렇다면 우리의 달이, 철 성분이 역시 부족한 지구의 지각과 맨틀 일부의 폭발 잔해에서 만들어졌을 공산이 크다. 원시 지구의 곁을 우연히 지나던 현재 화성 규모의 원시 행성체 하나가 지구와 비스듬히 충돌하는 대격변의 상황에서 지구-달 계의 기원을 찾아볼 수 있다. 충돌에서 튕겨 나온 지각과 맨틀의 일부, 그리고 충돌체의 상당 부분이 암석 파편이 되어 원시 지구의 주위를 궤도 운동하게 된다. 이 파편에서 밀도가 낮은 물질로 구성된 우리의 아름다운 달이 빚어진다. 달이 탄생하는 대충돌 사건은 지구의 진화사에서 커다란 뉴스거리가 됐음에 틀림이 없었겠지만, 이에 못지않게 중요한 충돌 사건이 또 있었다. 원시 지구에 유성체들이 비가 오듯 쏟아져 내린 시기가 있었다. 참으로 유성체의 융단 폭격이라 할 충돌은 행성들이 만들어지던 원시 태양계의 상황에서는 매우 흔한 사건이었다. 지구뿐 아니라 태양계 내부 여타의 행성들도 유성체

10 행성과 행성 사이

의 융단 폭격을 피할 길이 없었다. 그 흔적이 지금까지 역력하게 남아 있다. 특히 대기층이 없고 물이 존재하지 않아 풍화 작용이 일어나지 않는 달과 수성 표면을 보면, 원시 태양계에서 있었던 충돌로 빚어진 구덩이들이 도처에 널려 있다.

오늘의 태양계 여기저기에 상처를 남긴 주범이 태양계가 태동하던 당시 원시 행성계 공간을 떠돌던 '불량배' 파편만은 아니다. 지구의 근처 공간만 놓고 보아도 달이나 화성, 그리고 지구 자체의 표면에서 튕겨 나온 온갖 크기의 돌조각들이 떠돌고 있다. 지구나 달의 고체 표면에 소행성이 충돌하면 표면에 있던 암석 등이 지구나 달의 중력권을 벗어날 정도로 충분한 속력을 가지고 표면에서 방출된다. 이렇게 튕겨 나온 파편 중 화성에 기원을 둔 것만 매년 1,000여 톤이 지구에 비가 오듯 쏟아져 들어온다. 달에서도 비슷한 양의 암석 조각들이 지구로 들어올 것이다. 그렇다면 우리가 월석을 구하기 위해 달까지 갈 필요가 없었지 싶다. 충분한 양의 월석이 '제 발로' 지구로 들어오고 있으니 말이다. 아폴로 계획을 추진하고 있을 당시 우리는 이 사실을 모르고 있었다.

＊

태양계에 존재하는 소행성의 대부분은 화성과 목성의 궤도 사이에서 얇은 회전 원반계를 이루며 태양 주위를 궤도 운동한다. 이 지역을 주소행성대(Main Asteroid Belt)라 부른다. 전통적으로 소행성의 이름은 발견자가 붙이기로 돼 있다. 화가들이 그린 주소행성대의 상상도를 보면 수많은 암석 덩어리들이 태양계 중심 평면을 가득 메우고 있는 듯하지만, 주소행성대의 전체 질량은 기껏 달의 5퍼센트 미만이다. 참고로 달의 질량이 지구의 약 81분의 1이다. 질량만 놓고 볼 때 소행성은 태양계에서 별게 아닌 존재다. 소행성 간의 중력적 섭동과 인접 고체 행성인 화성과 거대 기체 행성인 목성에서 비롯한 지속적인 섭동의 결과로 소행성들의 일부는 '지구 근접 천체'의 운명을 띠게 된다. 수천 개에 이르는 이들은 궤도 이심률이 크고 궤도 긴반지름이 1천문단위(AU)와 크게 다르지 않기 때문에 언젠가는 지구와 충돌하게 돼 있다. 컴퓨터를 동원한 수치 모의 실험의 결과를 볼 것 같으면, 이들의 거의 대부분이 1억 년 이내에 지구와 충돌할 운명인 것으로 추정된다. 소행성 중 크기가 대략 1킬로미터 이상 되는 것이 지구와 충돌할 경우, 충돌에 따른 운동 에너지가 충분히 높아서 지구 생태계가 완전히 파괴되면서 지상에 서식하는 생명 종의 거의 대부분이 사라진다.

이는 하나의 생명 종으로서 우리 인류에게 바람직한 상황은 결코 아닐 것이다.

지구 생명을 대량 멸종의 비운으로 몰고 갈 천체가 소행성만은 아니다. 태양계 저 외곽에는 혜성의 핵이 다수 모여 있는 카이퍼 벨트라 불리는 지역이 있다. 카이퍼 벨트의 내부 반지름이 얼추 해왕성의 궤도와 일치하며 그 폭이 태양에서 해왕성까지의 평균 거리와 비슷하다. 물론 명왕성도 이 안에 포함된다. 1950년대 초에 네덜란드 태생의 미국 천문학자 제러드 카이퍼가 해왕성 궤도 저 바깥 극도로 추운 우주 공간에, 태양계가 만들어지는 데 쓰이고 남은 얼음과 암석으로 버무려진 더러운 눈 덩어리들이 떠돌고 있으리라는 아이디어를 내놓았다. 여기서 우리는 혜성의 핵이 얼음과 암석, 또는 모래로 만들어져 있음에 유의할 필요가 있다. 카이퍼 벨트에는 이렇다 할 크기의 행성이 존재하지 않는다. 만약 존재한다면 카이퍼 벨트를 이루는 혜성의 핵들은 거의 대부분이 그 행성 표면에 곤두박질했을 것이다. 행성의 부재 덕분에 이들은 앞으로도 수십억 년 동안 거기서 태양 주위를 공전하리라 예상된다. 주소행성대 소속의 소행성들과 마찬가지로 카이퍼 벨트를 구성하는 소형 천체들의 일부는 그 궤도 이심률이 충분히 커서 행성들의 궤도를 넘나들기도 한다. 예를 들면 플루티노(Plutino)라 불리는 일련의 카이퍼 벨트 천체들은, 행성의 반열에서 쫓겨난 명왕성, 즉 플루토와 마찬가지로 해왕성의 궤도 안으로 들어오곤 한다. 또 어떤 녀석들은 내행성계 안으로까지 깊숙이 들어오기도 한다. 이 과정에서 저들은 행성들의 궤도를 제멋대로 통과한다. 우리에게 잘 알려진 핼리 혜성이 그중 하나다.

혜성 핵의 밀집 지역이 카이퍼 벨트 한 곳으로 끝나는 게 아니다. 태양에 가장 가까운 별들 중간 거리에까지 거의 구형으로 퍼져 있는 혜성 핵들의 구름이 있다. 여기에 상상을 초월할 정도로 많은 혜성 핵이 존재한다. 네덜란드의 위대한 천체 물리학자 얀 오르트가, 이 지역에 수없이 많은 혜성 핵의 무리가 구형의 구름을 이루면서 밀집해 있다고 예측했다. 그의 업적을 기리기 위해 우리는 이 구형의 구름을 '오르트의 혜성 핵 구름(Oort's Comet Cloud)', 줄여서 그냥 '오르트 구름'이라고 부른다. 궤도 공전 주기가 인간의 수명보다 훨씬 긴 장주기 혜성들이 이 지역에서부터 내행성계로 공급된다. 얇은 띠를 이루는 카이퍼 벨트에서 출발해 내행성계로 들어오는 혜성들과는 달리, 오르트 구름 출신들은 내행성계의 황도면을 모든 방향, 모든 각도로 통과한다. 헤일-밥 혜성과 하쿠타케 혜성이 1990년대를 가장 휘황하게 장식한 녀석인데, 이 둘이 다 오르트 구름에서 온 것이다. 하지만 이 친구들은 한동안 우리 곁에 다시 나타나지 않을 것이다. 그만큼 공전 주기가 길기 때문이다.

✳

사람의 눈이 자기장을 감지할 수 있다면 목성이 보름달의 10배 이상의 크기로 보일 것이다. 목성을 방문하기로 되어 있는 우주 탐사선이라면 이 강력한 자기장의 영향을 피할 수 있도록 특별히 설계돼야 한다. 영국의 물리학자 마이클 패러데이가 1800년대에 증명해 보였듯이, 자기장을 관통하는 도선에 전압의 차이가 발생한다. 그렇기 때문에 고속으로 달리는 금속제 우주 탐사선의 경우, 그 내부에 강력한 전류가 흐르게 마련이다. 이 전류가 다시 자기장을 생성해 주위에 널리 퍼져 있는 자기장과 상호 작용을 하게 됨으로써 우주 탐사선의 궤도 운동을 방해한다.

한동안 나는 태양계 행성들 주위를 도는 위성의 개수를 외우려 했던 적이 있다. 그런데 어느 날 자고 일어났더니 토성 주위에서 열두어 개가 새로 발견됐다는 보도를 접하게 된다. 이 일이 있은 후 나는 더 이상 위성의 개수를 세는 무의미한 짓은 그만두기로 했다. 위성의 총 개수보다 그중 어느 곳을 방문하면 재미있는 경험을 하게 될까에 더 큰 관심을 갖게 됐다. 어떤 의미에서 위성들은 그들의 모(母) 행성보다 훨씬 더 흥미로운 대상이다.

\*

지구의 달은 그 지름이 태양의 400분의 1이다. 그러면서 지구로부터의 거리가 지구-태양 간 거리의 또 400분의 1이다. 그 결과 달과 태양은 하늘에서 거의 같은 각크기로 우리에게 보인다. 태양계에 존재하는 그 어느 행성-위성 사이에서도 이런 우연의 일치는 찾아볼 수가 없다. 우연의 의미를 생각해 본 적이 있는가? 지구인은 이 우연의 일치 덕에 개기일식이라는 우주 드라마를 감상할 행운을 갖게 됐다. 지구와 달 사이에는 또 하나의 묘한 숙명이 도사리고 있다. 지구가 달에 오랜 세월 조석력을 작용해 달의 자전 주기를 지구 주위 공전 주기와 일치하도록 강제했다. 위성의 자전 주기가 모행성 주위 공전 주기와 일치할 경우, 언제나 위성은 중심 모행성에게 자신의 한쪽 면만을 보여 주게 된다. 우리가 지구 상에서 달의 뒷면을 볼 수 없는 이유가 바로 이 때문이다.

목성의 달들은 괴짜 일색이다. 목성을 제일 가까이에서 돌고 있는 이오(Io)는, 목성이 자아내는 조석력으로 모행성과 여타의 위성들에게 단단히 묶여서 구조적으로 극심한 스트레스를 받는다. 그 결과로 발생하는 엄청난 열에너지가 조그마한 이오 내부의 암석 물질을 녹여 용융 상태에 머물게 한다. 태양계 내에서 화산 활동이 가장 왕성하게 벌어지는 곳이 그래서 바로 이오다. 유로파에는 $H_2O$ 성분의 물이 다량으로 존재한다. 이오에서와 마찬가지로 모행성으로 인한 조석 작용으로 유로파의 얼음 표면 하부는 따뜻한 바다를 이룬다. 태양계에서 생명이 존재할 가능성이 둘째로 높은 지역이 유로파의 내부가 아닐까 한다. (나와 공동으로 저술 작업을 해 온 동료 아티스트가 어느 날 내게 물었다. 목성의 위성 유로파에 있을지 모르는 외계 생물을 유로피안(European)이라 불러도 좋지 않겠냐는 것이었다. 나는 딱히 더 좋은 답을 갖고 있지 않아서, 그렇게 불러도 좋겠다고 했다.)

명왕성의 가장 큰 위성 카론은 질량이 명왕성 자체에 비해 무시할 수 없을 정도로 클 뿐 아니라 둘 사이의 거리 또한 너무 가까워서 둘은 강력한 상호 조석력의 작용으로 서로 단단히 묶여 있다. 그래서 명왕성과 카론의 자전 주기와 상호 궤도 공전 주기가 일치할 수밖에 없다. 이와 같은 현상을 두고 우리는 '이중 조석 잠김'이라고 부른다. 앞으로 발명될지 모르는 일종의 레슬링 경기를 연상케 한다.

행성의 이름은 로마 신화에 등장하는 신들의 이름에서 따왔고, 행성에 딸린 위성의 이름에는 로마 신에 대응하는 그리스 신화의 신들의 이름이 사용돼 왔다. 고대의 신들은 복잡하게 얽히고설킨 삶을 영위했다. 그러므로 위성의 이름을 짓는 데 그리스 신의 이름이 고갈될까 걱정하지 않아도 좋다. 그런데 이 전통이 천왕성에 와서 깨질 뻔했다. 육안으로는 거의 보이지 않을 정도로 흐린 천왕성을 발견한 이가 영국의 천문학자 윌리엄 허셜이었는데, 허셜은 자기가 받들어 모시는 왕의 이름을 자신이 발견한 행성에게 붙이기로 했던 것이다. 허셜이 성공했다면 수성, 금성, 지구, 화성, 목성, 토성, 다음에 조지(George)가 왔지 싶다. 하지만 당시에 허셜보다 명징한 생각을 하는 이들이 있었기에 다행이었다. 몇 년 후 조지 대신 하늘의 신을 뜻하는 우라노스(천왕성)가 공식 명칭으로 채택되어 행성 이름 짓기의 전통이 복원된다. 하지만 천왕성의 위성 이름에는 영국 문학 작품의 주인공들이 동원됐다. 허셜이 고집했던 것이다. 천왕성의 위성들 이름은 윌리엄 셰익스피어의 희곡과 알렉산더 포프의 시 들에 등장하는 인물에서 따온다는 새로운 전통이 오늘날까지 유지되고 있다. 천왕성의 위성 27개 가운데 오늘날 우리는 아리엘(Ariel), 코딜리어(Cordelia), 데즈데모나(Desdemona), 줄리엣(Juliet), 오필리아(Ophelia), 포르시아(Portia), 퍽(Puck), 움브리엘(Umbriel), 그리고 미란다(Miranda) 등

영국 문학 작품의 등장 인물들을 알아볼 수 있다.

태양은 자신의 질량을 1초에 100만 톤씩이나 우주 공간으로 방출한다. 주로 높은 에너지의 하전 입자가 분출되는 이 현상을 우리는 '태양풍(太陽風, solar wind)'이라고 부른다. 태양풍은 초속 1,000킬로미터 이상의 속력으로 행성간 공간을 달리지만 행성간 자기장에 의해 진행 방향에 변화를 겪는다. 태양풍 입자가 전하를 띠고 있으므로 자기장의 영향을 받는 건 당연하다. 태양풍 입자들이 지구 자기장의 북극과 남극을 향해 나선을 그리면서 떨어지다가 대기를 구성하는 분자들과 부딪치면 휘황찬란한 오로라가 연출된다. 그런데 허블 우주망원경이 목성과 토성의 극 근처에서도 오로라를 관측했다. 나는 지구의 북극광과 남극광을 볼 때마다 지구가 두툼한 대기층을 갖고 있어 우리를 보호해 줄 수 있다는 사실이 지구인에게 얼마나 큰 위안인가 생각한다.

독자는 우리 지구의 대기가 지표에서 10~20킬로미터 상공에까지 퍼져 있다는 언급을 종종 듣거나 읽었을 것이다. 지구를 선회하는 '저궤도' 인공 위성들의 실제 궤도 긴반지름은 100~600킬로미터나 된다. 이 정도 고도에서는 지구 주위를 일주하는 데 90여 분이 걸린다. 지표에서 높이 올라갈수록 공기가 희박해진다. 저궤도 위성의 높이에서는 공기가 너무 희박해서 사람은 호흡을 할 수 없다. 그럼에도 절대 진공은 아니다. 밀도가 극히 낮기는 하지만 인공 위성은 이 높이에 존재하는 공기 분자와의 충돌로 인한 마찰 때문에 자신의

1o 행성과 행성 사이

궤도 운동 에너지를 조금씩, 그러나 지속적으로 잃게 된다. 인공 위성이 훼방꾼인 공기 분자들과의 마찰을 이겨 내게 하려면 부스터 로켓을 위성에서 틈틈이 쏘아 줘야 한다. 그렇게 해 주지 않으면 저궤도 위성은 지표를 향해 곤두박질하면서 대기 분자와의 마찰로 인해 높은 온도로 가열되거나 심한 경우 전소하고 만다. 지구 대기층의 경계를 저궤도 인공 위성의 높이로 정하는 것에 문제가 있는 건 확실하다. 지구 대기층의 두께를, 지구 대기를 구성하는 분자들의 개수 밀도가 행성간 기체의 밀도와 같아지는 높이까지로 정의해도 좋을 것이다. 이 정의에 따른다면 지구 대기층은 지표에서 수천 킬로미터까지 높이 퍼져 있다고 하겠다.

통신 위성은 제구에서 달까지의 거리의 10분의 1에 해당하는 약 3만 5800킬로미터 상공에 떠 있다. 물론 이 정도 높이에서는 대기 분자들과의 충돌을 걱정할 필요가 없겠지만, 이 특별한 높이에서 원을 그리며 궤도 운동을 하는 인공 위성은 속도가 충분히 느려서 지구 주위를 한 바퀴 도는 데 꼭 하루가 걸린다. 따라서 이 높이의 인공 위성들은 지표에서 봤을 때 늘 같은 위치에 정지하고 있는 것처럼 관측될 것이다. 그 결과 정지 궤도의 통신 위성들은 지표 한 지점에서 쏘아올린 전파 신호를 다른 곳으로 전달하는 역할을 멋지게 수행할 수 있다.

＊

뉴턴의 중력 법칙은, 한 행성이 자아내는 중력의 세기가 해당 행성에서 멀어질수록 그 거리의 제곱에 반비례해서 약해진다고 가르친다. 하지만 그 행성에 의한 중력의 세기가 완전히 0이 되는 특정한 거리는 생각할 수 없다. 거대 기체 행성인 목성은 자신의 막강한 중력으로 외행성계에서 내행성계로 날아 들어오는 수많은 혜성들을 밀어내서 내행성계를 안전하게 보호하는 방패 구실을 한다. 목성이 없었다면 내행성계는 엉망으로 파괴됐을 것이다. 특히 지구는 덩치 큰 형님이신 목성 덕에 수억 년 동안 평화와 고요를 유지할 수 있었다. 목성이란 중력 방패가 없었다면 행성 지구는 복잡한 구조의 생명체가 보다 더 복잡한 구조로 진화하기엔 지극히 어려운 환경에 처했을 것이다. 혜성의 핵을 비롯한 유성체들의 충돌로 언제 자신이 멸종될지 모르면서 전전긍긍했을 테니 말이다.

과학자들은 행성이 자아내는 중력을 거의 모든 우주 탐사선의 추진력으로 활용해 왔다. 토성을 방문한 카시니 우주 탐사선만 하더라도, 금성의 중력 도움을 두 번, (귀환 중에는) 지구의 도움 한 번, 그리고 목성의 도움도 한 번 받았다. 다중 쿠션으로 움직이는 당구공처럼 우주 탐사선은 한 행성에서 다른 행성의 곁으로 이어지는 궤도를 그리게 된다. 우리가 우주로 보내는 탐사선이 아무리 보잘것없이 작은 덩치와 질량의 것이라고 하더라도, 지상 발사 시 우리가 동원할 수

10 행성과 행성 사이

있는 로켓은 탐사선의 행성간 여행을 보장할 만큼 충분한 에너지와 초기 속력을 갖추지 못한다.

행성 이야기를 마무리하기 전에, 어떻게 하다가 내가 행성간 파편들의 일부를 책임져야 할 처지에 놓이게 됐음을 밝혀야겠다. 주 소행성대 소재의 소행성 1994KA를 국제 천문 연맹이 영광스럽게 '13123-타이슨'이라고 명명한 것이다. 2000년 11월에 있었던 사건이다. 13123-타이슨은 원래 데이비드 레비와 캐롤린 슈메이커가 발견한 소행성이다. 나는 이런 대우를 기쁘게 받아들이지만 그렇다고 해서 이것이 뭐 대단한 일이라고 떠들고 다닐 생각은 없다. 왜냐하면 소행성 중에는 조디(Jody)*, 해리엇(Harriet), 토머스(Thomas) 등 우리에게 친숙한 이름의 것들이 꽤 많다. 그뿐 아니라 메를린(Merlin), 제임스 본드(James Bond), 심지어 산타(Santa)라는 이름의 소행성도 있다. 현재까지 발견된 소행성이 수십만 개에 이른다. 머지않아 우리의 소행성 명명법에 도전장이 날아들지 싶다. 그날이 실제로 언제가 될지 모르지만, 당장은 내 이름이 붙은 큼직한 우주 파편 하나가 행성간 공간을 헤집고 다니는 유일한 존재가 아니라는 사실에 나는 위안을 받는다. 실재하는 사람과 가상 인물의 이름이 붙은 소행성들의 긴 목록에서 나의 소행성이 한 자리를 차지하고 있다는 사실만으로 나는 뿌듯하다.

---

* 꼭 그런 건 아니지만 종종 '군대 안 간 남자'를 지칭하기도 한다. — 옮긴이

여기서 사족 하나. 나는 나의 소행성이 지구 근접 천체가 아니라는 사실에 또한 감사한다. 지구로 돌진해서 인류에게 큰 재앙을 가져다줄지 모르는 극도로 위험한 존재가 아니기 때문이다.

10 행성과 행성 사이

# 11
# 지구의 쌍둥이를 찾아

\*
\*
\*

그대가 지상을 전력 질주하거나, 바다에서 수영을 즐기거나, 아니면 산록을 땀을 뻘뻘 흘리며 기어 올라가거나, 그것도 아니라면 한자리에서 그저 주위를 둘러보기만 하더라도, 그대는 우리의 지구가 볼거리가 무진장으로 널려 있는 행성이 틀림없다고 판단할 것이다. 협곡의 벽을 핑크빛으로 장식한 석회암, 장미 줄기에 붙은 진디를 먹어대는 무당벌레, 바닷가 모래벌판에 삐죽이 주둥이를 내민 조개 등등 그저 조금만 집중해 봐도 어디에서든 우리는 행성 지구의 아름다움과 마주하게 된다.

지상에서 목격하게 되는 이 세세한 아름다움들이, 하늘로 치솟는 제트 여객기의 창을 통해 보면 순식간에 시야에서 사라진다. 무당벌레의 전채도, 호기심 가득한 표정으로 입을 벌린 조개도 모두, 시야에서 사라져 알아볼 수 없게 된다. 한 10킬로미터 이상 고공에서 순항 중인 제트 여객기의 창을 통해서는 저 아래 길게 뻗어 있을 간선 도로조차 알아보기 어렵다.

하늘로 높이 오를수록 지상에 펼쳐져 있을 사물의 세세한 모습이 계속 시야에서 사라진다. 지구 표면에서 400여 킬로미터 떨어진 고공에 국제 우주 정거장(International Space Station, ISS)이 돌고 있다. ISS의 창을 통해 당신은 대낮의 파리, 런던, 뉴욕, 로스앤젤레스 같은 대도시를 확인할 수 있지 싶다. 하지만 그것은 다분히 당신이 지리 시간에 배운 지식 덕이다. 밤에는 이 대도시들의 휘황찬란한 야경이 시야에 확 들어올 것이다. 그런데 낮에는 이집트 기자의 거대한 피라미드들은 물론 중국의 만리장성조차 알아보기 어렵다. 우리의 예상에 반하는 결과가 아닌가. 왜 그럴까? 대낮임에도 이 정도로 거대한 지상의 축조물이 눈에 잘 띄지 않는 것은, 이들이 주위에 널려 있는 바로 그 토양과 암석으로 만들어졌기 때문이다. 주위 경관과 구별이 잘 되지 않는 건 당연하다. 중국의 만리장성이 수천 킬로미터에 걸쳐 뻗어 있다고 하지만, 그 폭은 미국의 주와 주를 잇는 고속 도로보다 훨씬 좁다. 이 대륙에서 저 대륙으로 날아다니는 제트 여객기에서 고속 도로를 식별할 수 없었음을 상기한다면 만리장성이 눈에 띄지 않는다고 해서 뭐 그렇게 이상한 것은 아니다.

1991년에 있었던 제1차 걸프전이 끝나 갈 무렵 쿠웨이트 유전에서 하늘로 치솟은 연기는 국제 우주 정거장에서도 육안으로 식별이 가능했을 것이다. 2001년 9월 11일에 있었던 참사 당시 뉴욕 시 소재 세계 무역 센터 빌딩에서 피어오르던 연기도 국제 우주 정거장 궤

11 지구의 쌍둥이를 찾아

도에서 알아볼 수 있었을 것이다. 관개 수로로부터 물이 잘 공급되는 초록의 경작지와 그 주위 바짝 메마른 갈색의 대지를 가르는 경계선도 뚜렷하게 드러난다. 인간의 지상 구축물이거나 그외 인간 활동에서 비롯한 현상들 중에서 고작 이 정도가 수백 킬로미터 고공에서 육안으로 식별 가능한 존재일지 싶다. 그러나 눈에 들어오는 자연 경관은 대단히 다양하다. 멕시코 만을 휩쓰는 허리케인, 북대서양에 떠다니는 거대한 빙산, 그리고 지구 도처에서 치솟는 화산 폭발 현상 등은 아주 자연스럽게 눈에 들어온다.

그렇다면 지구에서 38만여 킬로미터 떨어진 달에서 바라본 지구의 모습은 어떨까? 뉴욕, 파리, 그 이외의 메트로폴리탄의 야경이 아무리 휘황찬란하다고 해도 달 표면에 서 있는 우주인의 망막에 깜빡거림의 낌새조차 남기지 못한다. 하지만 행성 지구의 표면을 휩쓸며 지나가는 초대형 기상 현상과 거기에 따른 전선의 이동은 달에서도 쉽게, 심지어 맨눈으로도 알아볼 수 있다. 화성이 지구에 가장 가까이 접근할 때 지구와 화성 간 거리가 대략 5600만 킬로미터에 이른다. 이때 화성에서 본 지구의 모습은 어떨까? 비교적 큰 구경의 아마추어용 망원경만 있다면 하얗게 눈으로 덮인 긴긴 산맥들과 대륙의 경계선들은 식별이 가능할 것이다. 50억 킬로미터 이상 떨어진 해왕성으로 가 보자. 뭐 그렇다고 대단히 멀리 가는 건 아니다. 우주 규모에서는 겨우 도시의 한 블록 정도를 옮겨 가는 셈이니까. 이쯤 거리에서 본 태양의 겉보기 넓이가 지구에서 본 값의 거의 1,000분의 1에 불과하다. 겉보기 밝기도 같은 비율로 감소한다. 그렇다면 지구는 어떻게 보일까? 매우 흐린 별 수준의 밝기로 먼지에 불과한 존재일 것이다. 하지만 이마저 알아보기는 어렵다. 왜냐하면 태양이 워낙 밝아서 지구가 태양의 광채에 그냥 묻혀 버리기 때문이다.

1990년 2월 14일 보이저 1호가 해왕성 궤도를 막 벗어나면서 촬영한 지구의 기념비적 사진이 있다. 그 사진을 보면 우리 지구가 우주적 배경에서 얼마나 보잘것없는 존재인지 실감할 수 있다. 애처롭게 느껴지기까지 한다. 오죽했으면 미국 천체 물리학자 칼 세이건은 이 사진에 드러난 지구를 보고 "창백한 푸른 점"이라 이름했을까. 어쩌면 이마저 지구에게 과분한 호칭일 수 있다. 그 점이 지구라고 알고 보니까 지구로 보였지, 아무런 예비 지식 없이 그 사진을 들여다봤다면 그와 같이 작은 점이 거기 있는지조차 몰랐을 것이다.

우리의 관점을 바꿔서 이제 외계에 존재할지 모르는 고도의 지능을 갖춘 외계인의 입장에서 지구를 생각해 보자. 우리로부터 아주 멀리 떨어진 곳에 존재하는 이 외계인이, 우리의 상상을 초월하는 수준의 기능을 갖췄을지 모르는 저들의 육안으로, 그리고 거기에 더해서 외계 문명의 최첨단 관측 기기의 도움을 받아서, 자신들의 하늘을 훑어본다고 치자. 그들의 검출기에 행성 지구는 과연 어떤 모습으로 드러날까?

무엇보다 푸르다는 사실이 저들에게 제일 먼저, 그리고 가장 극명하게 부각될 것이다. 우선 지구 표면의 3분의 2 이상을 덮고 있는

11 지구의 쌍둥이를 찾아

물을 보게 될 것이다. 태평양 하나가 이 행성의 한쪽 면을 거의 전부 차지하고 있다고 느낄 것이다. 저들의 관측과 분석 장비가 고도의 성능을 갖추고 있을 뿐 아니라 데이터를 분석하는 지적 능력 또한 출중하다면, 저들은 행성 지구의 색깔이 푸르다는 사실에서 물의 존재를 확신할 수 있을 것이다. 우주에서 세 번째로 흔한 분자인 $H_2O$가 행성 지구에 존재한다고 확신할 것이다.

또 저들의 관측 장비가 충분히 높은 해상도를 구사할 수 있다면, 하늘에 떠 있는 그저 작은 창백한 푸른 점 이상의 뭔가를 저들은 알아낼 것이다. 복잡 미묘한 선을 그리며 달리는 해안선을 보면서, 저들은 행성 지구의 $H_2O$가 액체 상태로 존재한다고 유추할 것이다. 현명한 외계인이라면 물의 존재 그 자체로부터 이 행성 표면의 온도와 대기압의 변화 범위를 구체적으로 알아챌 것이다.

지구의 트레이드마크인 극관은 또 어떤 정보를 줄까? 극관의 영역이 계절에 따라 확장과 축소를 반복하는 현상이 저들의 가시광 관측에 쉽게 드러날 것이다. 저들은 또 우리 지구의 24시간 주기의 자전 현상 역시 쉽게 감지할 것이다. 지구 대륙의 특징적 모습이 예측 가능한 시간 간격으로 저들의 관측 기기에 나타났다 사라지길 반복할 테니 말이다. 지구의 주요 기후 현상에서 비롯한 특징을 면밀하게 조사함으로써, 저들은 대기에 떠도는 구름, 대륙, 그리고 해양의 특징적 분포에서 비롯한 현상을 각각 구별해 낼 것이다. 구름 관련 현상이 불규칙적인 반면 대륙과 해양에서 비롯한 현상은 24시간의 주기성을 띠지 않겠는가.

이제 몇 가지 팩트를 체크해 볼 차례다. 태양계에서 가장 가까운 외계 행성은 센타우루스자리 알파별 항성계 소속일 것이다. 외계 행성이란 태양 이외의 별 주위를 공전하는 행성을 의미하며, 센타우루스자리 알파별 항성계는 태양계에서 약 4광년 떨어져 있으며 주로 남반구 하늘에서 가시광으로 쉽게 알아볼 수 있는 별이다. 목록에 오른 외계 행성들 거개가 수십 내지 수백 광년 떨어진 곳에 자리한다. 지구의 밝기는 태양의 10억분의 1보다 약간 흐린 편이다. 그런데 지구가 태양에 너무 가까이 있기 때문에 가시광 대역에서 작동하는 망원경으로는 지구를 직접 식별해 낼 수 없다. 가시광 대역에서는 지구가 태양의 광채에 완전히 매몰되기 때문이다. 굳이 비유를 들어 설명하자면 이렇다. 할리우드의 탐조등으로 몰려드는 부나비가 방출하는 빛만을 따로 검출하기가 지난하듯 지구만을 알아보기 역시 지극히 어렵다. 외계인이 우리를 알아보려면, 가시광 이외의 파장 대역, 예를 들면 적외선 대역을 활용하는 게 좋을지 싶다. 적외선 대역에서는 태양에 대한 지구의 상대 밝기가 가시광에서보다 약간 높기 때문이다. 적외선 대역을 활용하지 않을 셈이라면 외계의 엔지니어들이 뭔가 근본적으로 다른 특단의 방책을 세웠어야 한다.

어쩌면 저들도 여기 지구에서 '외계 행성 사냥꾼'들이 애용하는 방법을 그대로 쓸지 모른다. 별빛을 모니터링해 보면 별의 주기적 '움찔거림'을 감지할 수 있다. 너무 어두워서 직접 관측한 이미지에서는 행성의 존재가 드러나지는 않지만, 스펙트럼에 나타나는 중심별의 움찔거림으로부터 우리는 해당 별 주위에 행성이 궤도 운동을 하고 있음은 추론할 수 있다. 대부분의 사람들은 별 주위를 행성이 돈다고 하면 고정된 별 주위를 행성만이 돈다고 생각한다. 하지만 실제로는 별과 행성이 저들 둘의 질량 중심 주위를 서로 마주보며 돈다. 행성의 질량이 클수록 공통의 질량 중심 주위를 도는 별의 공전 운동의 진폭도 따라서 커진다. 앞에서 내가 별이 움찔거린다고 한 표현은, 행성의 질량 중심 주위 공전에 대응해서 중심별이 겪게 되는 공전 운동을 지칭한 것이다. 별빛의 분광 사진을 찍어 분석해 보면 공통의 질량 중심 주위를 도는 별의 공전 운동에 관한 정보를 얻어낼 수 있다. 행성의 질량이 클수록 중심별이 겪는 공전 운동의 진폭 역시 커지므로, 분광 사진에서 해당 별의 움찔거림이 더 쉽게 측정된다. 그런데 우리 지구의 질량이 워낙 작은 관계로 외계의 행성 사냥꾼들에게 태양의 움찔거림은 보일까 말까 할 수준으로 아주 미소하게 측정될 것이다. 이 점이 문제라면 문제다. 그러므로 태양 주위에 행성 지구가 존재한다는 사실을 밝혀내려면 외계 행성의 엔지니어는 나름 많은 고민과 궁리를 해야 할 것이다.

*

미국 항공 우주국(NASA)가 운영 중인 케플러 망원경은, 질량이 태양

규모인 별 주위를 도는 지구와 비슷한 정도의 행성을 찾아낼 수 있도록 특별히 고안·설계되어 우주 공간에 진수된 것이다. 케플러 망원경의 임무는, 앞에서 얘기한 분광 관측에 의존하지 않고, 별빛의 미소한 밝기 변화를 감지하는 측광 관측을 수행하는 것이다. 현재 관측 기술로는 중심별과 거기에 딸린 행성을 따로 분해해서 관측할 수는 없다. 앞에서 얘기했듯이 행성에서 나오는 빛이 중심별의 터무니없이 밝은 광채에 완전히 묻혀 버리기 때문이다. 그 대신 케플러 망원경은 중심별과 그 주위 행성 또는 행성들에서 비롯한 전체 밝기가 주기적으로 살짝 어두워지는 상황에 주목한다. 케플러 망원경의 시선 방향이 중심별과 거기 딸린 행성과 일직선을 이루게 될 때 생기는 별빛의 지극히 작은 변화를 감지할 수 있도록 설계돼 있다. 모성(母星) 주위를 돌던 행성 가운데 어느 하나가 고온의 모성 전면을 통과하면서 일부를 가리기 때문에 모성과 행성으로 이뤄진 계의 전체 밝기가 감소하게 마련이다. 이 방법으로 행성 자체를 직접 알아볼 수는 없지만, 행성의 존재는 미루어 확인할 수 있다.

케플러 망원경은 별의 밝기 변화를 모니터링하는 아주 간단한 관측 기법으로 기존의 외계 행성 목록에 수천 개를 더 올려놓을 수 있었다. 이렇게 찾아진 행성을 동반하는 별들 중 어떤 것은 행성을 한 개 이상 데리고 있다고 밝혀졌다. 외계 행성에 더해서, 태양 행성계와 같은 외계 행성계가 다수 발견됐다는 뉴스를 종종 접했을 것이다. 이러한 자료를 근거로 우리는 외계 행성 개개의 반지름, 공전 주기, 중심별과의 거리 등을 알아낸다. 그리고 한 걸음 더 나아가 해당 행성의 질량까지 추정한다.

앞에서 우리는 외계 행성이 중심별을 가릴 때 밝기의 미소한 감소가 있을 것으로 예상했다. 그렇다면 실제로 얼마나 감소할지 알아보자. 우리의 태양-지구 계를 우리 은하 내에 있는 다른 별에서 바라보고 있다고 하자. 지구가 태양의 전면을 통과할 때 지구가 태양을 가려서 생기는 그림자의 넓이가 태양 전체 넓이의 약 1만분의 1이다. 태양의 반지름이 지구의 100배에 이르기 때문이다. 지구가 태양면의 이 정도를 가리는 동안, 외계 관측자들은 태양-지구 계의 밝기가 가리기 전에 비해 약 1만분의 1만큼 흐려진다고 알게 된다. 밝기의 상대적 변화폭이 이렇게 미소하더라도 외계의 관측자는 지구의 존재를 알아채는 데 아무런 어려움이 없다. 그렇지만 이 관측 자료만으로는 지구의 표면에서 어떤 일이 벌어지고 있는지 알 길이 없다. 내가 외계인이라면 지구라는 행성에, 예를 들어 무엇보다 생명이 존재하는지부터 알고 싶을 것이다.

그와 같은 관심을 충족할 수 있는 길이 전파와 마이크로파 대역에 열려 있다. 행성 지구를 엿보는 외계인도 중국 구이저우 성 소재 지름 500미터의 전파 망원경과 유사한 관측 장비를 보유할 수 있지 않겠는가. 그 경우 자신들의 전파 망원경을 적정 주파수에서 작동시켜 우리 지구를 '염탐'한다면 지구 문명이 하늘에서 가장 밝은 전파원 중 하나임을 쉽게 알아챌 것이다. 지구인들은 일상에서 자신도 모르게 엄청난 규모의 전파와 마이크로파를 우주 공간으로 방출한다. 몇 가지 예를 들어보면 이렇다. 전통적인 라디오는 물론 텔레비전 방송, 요즈음 누구나 사용하는 휴대 전화, 우리네 부엌 한 귀퉁이를 차지하는 전자레인지, 차고 문을 자동으로 여닫는 장치, 자동차의 원격 시동 열쇠, 상업용은 물론 군사용 레이더, 통신 위성, ……. 목록의 끝이 어디인지 모를 정도다. 지구는 저주파수, 즉 장파장 대역에서 대단히 밝은 발광체인 셈이다. 그런데 지구같이 가벼운 암석형 행성이 자연 상태에서 전파를 방출할 리 없다. 우리를 염탐 중인 외계인, 또는 외계 문명이라면 뭔가 특별한 일이 행성 지구에서 벌어지고 있다고 바로 추론할 것이다. 전파 대역에서의 밝기보다 더 좋은 문명 활동의 증거가 또 어디에 있을까 말이다.

외계 문명은 자신들의 망원경을 행성 지구를 겨냥해 모니터링 관측을 수행함으로써 지구라는 작은 행성의 문명권이 상당한 수준의 과학 기술을 갖고 있다는 결론에 이를 것이다. 그런데 한 가지 해석상의 문제가 따른다. 다른 설명이 가능하기 때문이다. 지구를 '도청'하는 외계인이 자신들이 수신한 전파 신호에서 지구에서 비롯한 것과 태양계의 여타 거대 기체 행성들에서 방출된 것을 구별하는 데 큰 어려움을 겪을 것이다. 목성을 비롯한 거대 행성들 역시 전파의 강력한 방출원이기 때문이다. 저들은 지구가 전파를 특별히 강하게 방출하는 새로운 종류의 행성이라고 오해할지 모른다. 저들은 지구에서 방출된 전파와 태양의 것을 구별하지 못할 수도 있다. 그러면서 저들은 우리 태양이 전파를 강력하게 방출하는 새로운 종류의 아주 이상한 별이라고 오판할 수도 있다.

우리 지구의 천체 물리학자들도 비슷한 곤경에 빠졌던 적이 있다. 1967년 영국 케임브리지 대학교에서 있었던 일이다. 앤서니 휴이시가 이끄는 연구팀이 자신들이 고안한 새로운 전파 망원경으로 하늘 전역을 훑으며 강력한 전파원들을 모조리 찾아내는 연구를 수행 중이었다. 그런데 뭔가 이상한 행동을 보이는 전파원이 관측에 걸렸던 것이다. 전파 신호를 아주 일정한 주기로 방출하는 전파원이었다. 주기가 1초보다 약간 길지만 반복성은 아주 정확했다. 이 기이한 전파원의 존재를 처음 알아챈 이는 당시 휴이시 교수의 지도를 받던 대학원생 조셀린 벨이었다.

곧이어 벨의 동료들은 전파 펄스를 내는 이 기이한 전파원이 아주 먼 거리에 자리한다고 옳게 추론한다. 하지만 그들은 이 신호가 자연 현상에 의한 것이 아니라, 어떤 기계 문명의 소산일 것이란 생각을 쉽게 버릴 수 없었다. 우주 공간을 가로질러 우리에게 오는 신호가 외계 문명의 빛나는 증거일 수 있겠다고 생각했던 것이다. 나중에 벨은 당시의 상황을 이렇게 회상한다. "이 펄스 신호가 전적으로 자연 현상에서 비롯한 것이라고 증명할 길이 없었다. 아, 새로운 전파 수신 기법을 개발해 박사 학위를 받으려고 허덕이는 내가 아닌가. 그런데 어떤 멍청한 초록 난쟁이 녀석들이 하필이면 나의 전파 망원경 안테나를 골라서 또 내가 사용하는 바로 그 주파수 대역에서 지구인과 교신을 하고자 한단 말인가."* 그러나 며칠 지나지 않아 조셀린 벨은 비슷한 펄스 신호를 내는 전파원을 우리 은하 여기저기에서 발견하게 된다. 벨과 동료들은 즉시 자기네가 새로운 종류의 천체를 우주에서 발견했다고 깨닫는다. 전적으로 중성자로 이뤄진 중성자별이 한 번 자전할 때마다 전파 펄스를 방출하는 것이었다. 휴이시 교수와 벨은 이 전파원들에게 "펄서(pulsar, pulsating radio star, 즉 맥동 전파원의 약칭)"라는 아주 그럴듯한 이름을 붙여 준다.

우주에서 오는 전파 신호를 가로채 분석하는 것이 외계 행성의 속성을 밝히는 유일한 방법은 아니다. 우주 화학(cosmochemistry)이라는 분야가 있다. 행성 대기의 특성을 화학적으로 분석하는 우주 화학이 현대 천체 물리학에서 활발하게 연구되는 분야다. 독자는 우주 화학이 분광학적 기법에 의존하리라 추측했을 것이다. 그렇다, 우주 화학자는 천체에서부터 오는 빛을 분광계를 통과시켜 거기서 얻어 내는 스펙트럼을 면밀하게 분석한다. 분광학자들이 즐겨 사용하는 기구와 분석 기법을 활용해 우주 화학자들은 외계 행성에 생명의 존재를 가늠하고자 한다. 해당 생명이 지적 능력을 갖췄든, 고도로 발달된 지능의 소유자이든, 고도의 기술 문명을 향유한 존재이든 등에 관계없이 외계 행성에 자리하는 생명의 존재 여부는 우주 화학의 기법으로 확인이 가능하다.

* Jocelyn Bell, *Annals of the New York Academy of Sciences* 302(1977): 685.

이 분석법이 성공적일 수 있는 이론적 배경을 잠시 살펴보자. 우주 어디에 있든 모든 원자와 분자 들은 자기 고유의 방식대로 자신에게 들어오는 빛을 흡수, 방출, 반사, 산란한다. 각각의 원자와 분자 들은, 이 빛을 분광계를 통과케 해서 생긴 스펙트럼에 자신의 화학적 지문이라 할 흔적을 남겨 놓는다. 가장 눈에 두드러지는 지문은 주위 환경의 압력과 온도에 걸맞은 들뜬 상태에 이른 원자 및 분자에 의해서 만들어진다. 행성 대기를 통과한 빛의 스펙트럼에도 다양한 대기 성분을 보여 주는 화학적 지문이 잔뜩 찍혀 있다. 주어진 행성에 식물상과 동물상이 넘쳐난다면 그 대기를 통과한 빛의 스펙트럼은 생명의 존재를 알리는 표지, 즉 화학적 지문을 보여 주게 마련이다. 그러한 행성은 생명 활동에서 기원한 것(biogenic)이든, 인간의 활동에서 비롯한 것(anthropogenic)이든, 아니면 기술 문명의 산물(technogenic)이든, 다양한 기원의 화학적 지문을 우리에게 숨길 수는 없다.

지구를 염탐하려는 외계인이 분광 기능을 갖춘 특별한 감각 기관을 가지고 태어나지 않은 한, 그들이 우리의 화학적 지문을 읽어 내려면 분광계를 갖고 있어야 한다. 그렇더라도 저들의 시선 방향이 태양과 지구를 잇는 선상에 놓여야 한다. 태양에서 출발한 빛이 행성 지구의 대기를 통과한 다음 계속 달려서 저들의 분광계에 도달해야 하기 때문이다. 이럴 경우 지구 대기를 구성하는 각종 화합물이 태양 빛과 상호 작용한 결과가 화학적 지문으로 저들이 획득한 스펙트럼에 드러나게 된다.

어떤 분자들, 예를 들어 암모니아, 이산화탄소, 물 등은 생명과 무관하게 우주 도처에 널려 있다. 또 어떤 분자들은 생명 자체에 붙어 크게 번성하는 것들도 있다. 생명의 존재를 드러내는 표지가 될 만한 분자들 중 외계에서 검출이 용이할 정도로 지구에 다량으로 존재하는 분자들이 있다. 예를 들어 메테인(메탄)이 그런 분자다. 인간의 화석 연료를 이용한 활동, 광대한 지역에서 이뤄지는 벼 경작, 생활 하수나 오물, 그리고 가축의 트림과 방귀 등에서 비롯하는 메테인이 대기 중 전체 메테인 기체의 3분의 2를 차지한다. 나머지 3분의 1의 발생원은 자연에서 찾아볼 수 있다. 예를 들어 부패 중인 습지 식물과 흰개미가 메테인의 자연 발생원이다. 한편 산소가 부족한 지역에서는 메테인의 생성이 생명 활동을 전제하지는 않는다. 현재 천문생물학자들은 화성에 존재하는 극미량의 메테인과 토성의 위성 타이탄에 매우 풍부한 메테인이 어디에서 온 것인지에 대한 열띤 논의를 벌이고 있다. 그 누구도 이런 곳에 소나 흰개미가 산다고 믿지 않겠지만 스펙트럼에 드러나는 메테인의 존재를 부인할 수는 없다.

외계에서 지구를 염탐하는 고등한 지적 존재가 태양 반대편, 즉 밤 쪽의 지구를 보면서 소듐이 갑자기 분출된다고 느낄지 모른다. 각종 지자체에서 소듐 램프를 도시와 도시 근교의 조명용으로 광범위하게 사용하기 때문이다. 그러나 지구 대기에 떠도는 자유 산소 역시 생명 존재의 가장 확실한 정보라고 외계인에게 알려 줄지 모른다. 지구 대기의 5분의 1이 자유 산소다.

우주에서 수소와 헬륨 다음으로 흔한 원소가 산소다. 산소는 화학적으로 매우 활발한 원소여서 수소, 탄소, 질소, 규소, 황, 철, …… 등과 쉽게 결합한다. 산소는 물론 산소 자신과도 결합해 산소 분자를 만든다. 그러므로 어떤 행성이나 위성에서 산소의 양이 일정 수준으로 유지된다면, 거기에는 다른 원소들과 결합해 사라지는 산소를 보충할 수 있도록 뭔가가 산소를 빠른 속도로 공급해 줘야 할 것이다. 지구에서는 산소의 방출 요인을 생명 현상에서 찾을 수 있다. 다양한 식물과 박테리아가 광합성 작용으로 많은 양의 산소를 지구의 대기와 대양에 쏟아낸다. 이렇게 생성된 자유 산소는, 물질 대사에 산소를 이용하는 동물계의 거의 모든 구성원들이 생명을 유지하는 데 사용된다. 물론 우리 인간을 포함해서 그렇다.

우리는 행성 지구의 생명이 남기는 화학적 지문이 무엇인지 잘 알고 있다. 하지만 원거리에서 우리를 바라보는 외계인이라면 자신들이 찾아낸 지문의 의미를 해석하기 위해 다양한 가정을 세우고 그 가정 하나하나를 검증하는 절차를 밟아 갈 것이다. 주기적으로 나타나는 소듐 분출이 기계 문명의 소산일까? 자유 산소는 두말할 것 없이 생명에서 비롯했을 것이다. 그렇다면 메테인은 그 기원이 무엇일까? 메테인은 화학적으로 불안정한 분자가 아니던가. 적어도 일부는 인간 활동과 관련이 있겠지만, 우리가 앞에서 본 바와 같이 무생물에서 비롯한 메테인도 존재한다.

외계인들이 지구 스펙트럼에서 찾아낸 화학적 지문들이 생명의 존재를 입증한다고 결론을 내렸다고 치자. 그 경우 저들은 이 생명이 과연 지능을 소유한 존재인지 알고 싶어 할지 모른다. 외계인 자신들도 교신을 통해 서로 의견을 교환할 것이다. 그렇다면 다른 형태의 생명도 교신을 할 것이라고 추론하기 쉽다. 이 수준의 추론에 이르렀을 때 저들은 비로소 저들의 전파 망원경을 이용해 지구를 집중적으로 도청할 결심을 하지 않겠는가. 우선 전자기파의 어느 대역을 지구인이 활발하게 기술적으로 이용하는지 알고자 할 것이다. 외계인들이 지구 대기에서 비롯한 각종 화학적 지문을 분석하든 아니면 지구로부터 나오는 전파 신호를 '도청'하든 동일한 결론에 이르게 뻔하다. 고도의 과학 기술 문명을 향유하고 높은 지능을 소유한 모종의 생명체가 이 행성에 거주할 것으로 판단할 것이다. 그러고 나서 그 생명체들이 자기 행성에서 부지런히 우주의 작동 원리를 캐내고 그렇게 얻어 낸 지식을 개인과 공공의 복리를 위해 활용할 것이라고 추측할 것이다.

지구 대기에서 드러나는 화학적 지문을 좀 더 자세히 들여다보자. 생명으로서 인간이 벌이는 각종 활동의 지표 중에는 황산, 탄산, 질산 등의 존재와 더불어 화석 연료의 연소에서 비롯한 스모그의 각종 성분도 포함돼 있다. 호기심 강한 외계인들이 사회적, 문화적, 그리고 과학 기술적으로 우리 지구인보다 훨씬 앞선 존재라면, 저들은 이러한 지표들을 보고, '아, 저 행성에는 고도의 지능을 갖춘 존재가 살고 있지는 않구나.' 하고 확신할 것이다. 너희들은 아직 멀었다고

11 지구의 쌍둥이를 찾아

말이다.

\*

최초의 외계 행성이 발견된 게 1995년이었다. 이 책을 쓰고 있는 현시점, 외계 행성은 무려 3,000여 개로 그동안 폭발적인 증가를 보여 왔다. 우리 은하에서 태양계를 둘러싼 극히 제한된 영역에서 발견된 것만도 이렇게 많다는 얘기다. 그렇다면 앞으로 훨씬 더 많은 수의 외계 행성이 발견될 게 확실하다. 우리 은하 하나에만도 별이 수천억 개나 있으며 가시 우주에는 수조 개의 은하들이 존재한다.

외계에서 생명을 찾겠다는 우리의 소망이 그 무엇보다 먼저 외계 행성 탐사의 추동인으로 기능했다. 외계 행성 중에는 우리의 행성 지구를 닮은 것들이 꽤나 있을 것이다. 세세한 부분까지 닮았을 리는 없더라도 전반적 특성이 얼추 지구와 비슷한 지구와 이란성 쌍둥이쯤 말이다. 현재 발견된 외계 행성들의 목록을 근거로 추산해 보면 우리 은하에만 대략 40억 개의 쌍둥이 지구들이 존재할 것으로 예상된다. 언젠가 우리의 먼 후손들은 필요에 의해서든 아니면 자의적 선택에서든 지구의 쌍둥이들을 찾아서 우주로 나서게 될 것이다.

# 12

# 우주적으로 보고 우주적으로 생각하라

*

*
*

인류 지적 활동의 위대한 소산인 모든 과학 분야 중 천문학이야말로 두 말할 나위 없이 가장 숭고하며, 가장 흥미롭고, 또 가장 유용한 학문이다. 왜냐하면 천문학에서 비롯한 지식 체계가 우리로 하여금 그동안 지구에게 감춰져 있었던 미지 세계의 상당 부분을 발견하게 해 줬기 때문이다. …… 천문학이 전해 주는 아이디어에 의해서 인간 지력(智力)의 지평 자체가 드넓게 열려졌을 뿐 아니라 천문학이 아니었더라면 숱한 편견 때문에 위축될 수밖에 없었던 인류의 정신 세계가 우주의 저 넓고 드높은 세상으로 도약할 수 있게 됐다.

—제임스 퍼거슨, 1757년*

* James Ferguson, *Astronomy Explained Upon Sir Isaac Newton's Principles, And Made Easy To Those Who Have Not Studied Mathematics* (London, 1757).

18세기라면, 우주의 시작이 있다는 사실이 알려지기 아주 오래 전이었다. 행성 지구에 가장 가까운 외부 은하가 무려 200만 광년이나 떨어져 있다고 인식되기 훨씬 전이었으며, 별들이 어떻게 빛을 내고 진화하는지를 이해하게 되기 한참 전인데다가, 원자의 존재가 받아들여지기 한 세기 훨씬 전이었다. 이 시대에 스코틀랜드에서 천문학자로 활동한 제임스 퍼거슨은 자신이 가장 좋아하는 학문을 앞의 인용에서와 같이 소개했다. 이 글귀는 구구절절 우리에게 진실로 다가온다. 18세기식 문체의 화려함만 아니라면 내용만 놓고 봤을 때 바로 엊그제 쓴 것이라 해도 손색이 없다.

　　하지만 누가 정말 천문학의 진가를 퍼거슨과 같이 인정할 수 있을까? 지구 생명이 누리는 우주적 조망권의 확보를 경축하는 제전에 열광적으로 동참할 자 또 누구인가? 농장에서 땀을 흘려야 하는 이주 노동자는 아닐 것이다. 저임금에 시달리며 혹사당하는 우리네 노동자도 아닐 것이다. 쓰레기통을 뒤져 끼니를 때워야 하는 노숙자에게 천문학은 그저 사치의 상징일 뿐이다. 우주적 시각 취득을 경축하는 축제의 장에 참가할 자격은, 생존을 위한 허덕임에 모든 시간을 바쳐야 하는 이들이 아니라 주체할 수 없는 시간의 사치를 누리는 선택된 일부에게만 허락된 특혜일지 모른다. 천문학은, 우주에서의 인간의 위치를 가늠하려는 노력의 가치가 제대로 인정받을 수 있는 몇몇 선진국의 국민이라야 누릴 수 있는 축복이며 특혜이다. 당신이 속해 있는 사회의 구성원들 각자가 벌이는 지적 추구가 당신을 새로운 발견의 최전선으로 안내할 충분한 여력을 갖춘 지적(知的)으로 열리고 앞선 사회에서라야 그 구성원 한 명 한 명이 천문학의 진정한 가치를 향유할 기회와 여유와 자격을 갖게 된다. 새로 발견된 지적 자산이 구성원 모두에게 제때제때 전해져야 한다는 점에서, 현대 선진 산업 국가들의 국민 대다수는 앞에서 얘기한 기회와 혜택을 썩 잘 활용하고 있다고 하겠다.

우주적 안목을 키우는 과정에서 우리도 모르게 지불하게 되는 비용이 적지 않다. 개기일식이 오면 나는 수천 킬로미터를 이동하며 빠르게 움직이는 달의 그림자를 추적한다. 달이 태양을 완전히 가리는 시간이라야 겨우 몇 분에 불과한 경우가 대부분이다. 그 몇 분 동안 나는 세상사는 까맣게 잊은 채 달의 지구 주위 공전, 그리고 거기에 더한 지구의 자전과 숨 가쁘게 경주한다.

나는 가만히 앉아서 팽창 우주를 곰곰이 생각할 때가 있다. 끊임없이 팽창하는 시공간 연속체에 박혀서 시공간의 팽창과 더불어 서로 멀어지는 은하들을 머릿속에 그려 보다가 문득 지상의 현실로 돌아와 까맣게 잊고 있던 사실에 흠칫 놀라곤 한다. 우리가 살아가는 지구에는 고단한 육신을 쉬게 할 잠자리는 물론 끼니조차 때우기 어려운 이들이 많다. 그들의 자녀가 견뎌야 하는 과도한 불행의 혹독한 현실은 또 그 누구의 책임이란 말인가.

우주에 가득한 암흑 물질과 암흑 에너지의 존재를 확인케 해 준 관측 데이터를 심층 분석하는 동안, 나는 지구가 한 바퀴 자전을 완

12 우주적으로 보고 우주적으로 생각하라

성하는 24시간마다 엄청난 수의 사람이 다른 사람을 죽이거나 죽임을 당하고 있다는 사실을 망각할 때가 있다. 그런데 이 살육이 각자가 신봉하는 신의 개념이 다르기 때문에 일어난다는 사실은 나를 더욱 당혹스럽게 한다. 신의 이름으로 이뤄지지 않는 경우에라도, 살육은 정치적 도그마나 그 실현을 위해서 자행되는데, 그때마다 나는 행성 지구에 사는 인간의 정체와 본성을 돌아보지 않을 수 없다.

나는 소행성, 혜성, 행성 들의 궤도를 면밀히 좇을 때가 있다. 우주 발레에서 펼쳐지는 태양계 천체들의 아름다운 급선회의 묘기를 감상하며, 중력이 안무가로서 빚어 낸 걸작에 심취해 있다 보면 우리가 정작 기억해 둬야 할 사안은 까맣게 잊곤 한다. 지구의 대기, 대양, 대륙 사이에서 벌어지는 상호 작용의 섬세 · 미묘함을 무시한 채 마구잡이식으로 행동하는 몰지각한 사람들이 우리 주위에 너무 많다는 사실에 우리의 눈을 돌려야 한다. 왜냐하면 저들의 터무니없이 부주의한 행동의 대가는 저들 자신이 아니라 우리의 자녀와 그 자녀의 자녀들이 치르게 되기 때문이다.

이웃을 도울 수 있는 막강한 능력을 갖고 있는 세력가와 재력가의 대부분이, 자립이 어려운 불우한 이웃을 도와주지 않는다는 현실을 나는 종종 망각하곤 한다.

우리는 잊지 말아야 할 사안들을 잊은 채 아무렇지도 않게 살아간다. 우리가 사는 이 세상이 아무리 크다고 해도, 우리의 가슴과 마음의 소리에 귀를 닫아도 좋단 말인가. 디지털 지도에 드러난 우주가 엄청나게 크기 때문에 지상의 필부필녀(匹夫匹女)가 겪어야 하는 고통 따위는 잊어도 좋다고 자신을 속일 수 있을까? 그렇지 않을 것이다. 한심한 현실에 대한 우리네의 무덤덤한 행태가 많은 이들로 하여금 풀이 죽고 주눅 들게 할지 모른다. 하지만 잊지 말아야 할 것을 잊고 산다는 죄책감에 대한 통렬한 반성이 우리를 한 차원 높은 우주적 영성으로 인도할 것이다.

아동의 정신적 상처를 보듬어 줄 수 있는 어른의 입장에서 어릴 적 나 자신을 잠시 돌아보자. 쏟아진 우유, 망가진 장난감, 무릎에 난 찰과상 같은 아주 사소한 것들 모두가 어린 나에게 트라우마의 원인이 될 수 있었다. 어린이들은 문제의 본질을 이해하고 문제 해결의 실마리에 이르는 길이 무엇인지 잘 모른다. 경험의 부재 때문에 어린이의 관점과 시야는 제한적일 수밖에 없다. 어린이들은 이 세상이 자기를 중심으로 돌고 있지 않는다는 사실조차 모른다.

다 큰 성인이라 하지만 우리 자신도 따지고 보면 집단 미성숙의 우리 안에 갇혀 있다고 인정해야 한다. 나는 감히 성인이 된 우리의 관점과 시야 역시 어린이와 같이 제한적일 수밖에 없다고 주장한다. 우리 어른도 세상이 우리를 중심으로 돈다는 오해를 바탕으로 사고하고 행동하지 않는가. 실은 지구가 태양 주위를 돌고 있는 데 말이다. 지동설의 증거가 도처에 널려 있음에도 천동설적 사고의 틀에서 벗어나지 못한다. 한 사회가 가진 인종, 민족, 종교, 국가, 문화에 드리운 차별의 커튼을 살짝 젖혀 보기만 해도 우리가 겪는 숱한 갈등의 이면에 도사리고 있는 인간의 잘못된 자만심을 목격하게 될 것이다.

이제 우리의 새로운 세상을 그려 보기로 하자. 누구나, 특히 권력을 가지고 막강한 영향력을 행사할 수 있는 이들이, 우리가 살고 있는 행성 지구를 우주적 관점과 시각에서 돌아봐 주기를 바란다. 우주적 성찰이 필요하다. 지구 문명이 당면한 심각한 과제들을 우주적 시각에서 조망한다면, 심각하다고 받아들였던 문제가 실은 별게 아닌 것으로 판명될 뿐 아니라 경우에 따라서는 전혀 문제가 될 수 없다고 인정하게 될 것이다. 우리 지구인이 그토록 심각하게 간주해 왔던 모든 분야에서의 '다름'이 '차별'의 근거가 될 수 없다. 상호 살육에 대한 어떤 정당성도 그 다름에다 부여할 수 없다. 다름은 인류에게 주어진 위대한 축복으로 받아들여야 할 것이다.

*

2000년 1월, 뉴욕 시에 새로 지은 헤이든 천체 투영관에서 「우주로의 패스포트(Passport to the Universe)」라는 프로그램을 상영했다. 관람객은 천체 투영관 안에 반쯤 누운 아주 편안한 자세로 우주의 끝까지 달려가는 긴 여정에 오르게 된다. 먼저 지구 바깥 우주 공간에서 지구를 조망한 다음, 태양계 행성들을 하나씩 지나, 우리 은하의 세계로 빠져 들어가 그 안에 들어 있는 수천억 개의 별들과 만난다. 그리고 피사체로서 우리 은하가 급격히 하나의 점으로 축소되면서 투영관의 구형 천장 스크린에 보일까 말까 하는 흐린 점이 되어 점점 멀어지다 홀연히 사라진다.*

개관 한 달이 채 안 된 시점이었다. 나는 미국 동북부 8개 명문대학 중 한 곳에 재직 중인 심리학과 교수로부터 편지를 한 장 받는다. 그는 "사람을 하찮은 존재로 느끼게 하는 것들에 관한 연구"를 수행하는 심리학자였다. 나는 학문 세계에 이런 전공 분야가 있는지 상상조차 하지 못했다. 그는 「우주로의 패스포트」를 관람하기 전과 후에 사람들이 얼마나 심각하게 자신을 보잘것없는 존재로 인지하게 되는지 알아내고 싶어 했다. 설문지를 돌려서 관람 전과 후에 일어난 생각의 변화를 알아보자고 제안했다. 「우주로의 패스포트」가 자신의 하찮음과 무력함을 가장 극적으로 느끼게 해 준 작품이라는 것이었다.

어떻게 이런 생각을 할 수 있을까? 「우주로의 패스포트」는 물론이고, 헤이든 천체 투영관에서 제작한 여타의 우주 쇼들을 관람할 때마다, 나는 오히려 내가 살아 있음을, 영성적인 존재임을, 그리고 전

---

* 「우주로의 패스포트(Passport to the Universe)」는 앤 드루얀과 스티븐 소터가 공동 집필한 작품이다. 이들은 2014년 폭스 사에서 제작한 미니 시리즈 「코스모스: 스페이스타임 오디세이(Cosmos: A SpaceTime Odyssey)」의 공동 작가이기도 하다. 이 작품이 텔레비전에 방영됐을 당시 내가 내레이터로 활약했다. 드루얀과 소터는 칼 세이건과 한 팀을 이뤄 1980년 미국 PBS에서 방영한 텔레비전 미니 시리즈 「코스모스: 개인적 탐험(Cosmos: A Personal Voyage)」을 만들기도 했다.

우주와 깊숙이 연계돼 있음을 실감하곤 한다. 그래서 나 자신이 대단한 존재라고 느낀다. 기껏 1.3~1.4킬로그램의 이 작은 두뇌를 작동시켜 인간은 우주에서의 자신의 위치를 가늠하기까지 하지 않는가.

외람되지만 자연을 잘못 읽은 이는 내가 아니라 그 심리학 교수라고 단언한다. 인간에 대한 그의 자부심이 정당화될 수 없을 정도로 너무 컸기 때문에 그는 자연 읽기에 실패했을 것이다. 인간이 우주에서 그 무엇보다 더 중요한 존재라는 근거 없는 믿음에 철저히 길들여져 도를 넘는 자만의 환상 속에서 살아왔기 때문일 것이다.

냉정하게 말해서 나 자신도 과도한 자만심에 사로잡혀 있었다. 그러므로 내게 편지를 보낸 한 심리학 교수만 탓할 일이 아니다. 하나의 집단으로서 이 사회가 갖고 있는 강력한 힘이 우리 대부분을 그런 식으로 생각하게 내몰아 왔다. 대학에 와서 생물학 시간에 받은 충격이 그때까지 나를 지배해 오던 과도한 자만심의 정체를 일시에 일깨워 줬다. 큰창자 겨우 1센티미터 길이에 지구에 여태껏 살아온 모든 사람들보다 더 많은 수의 박테리아가 살아 움직이며 저마다의 역할을 하고 있다는 사실에서 내가 받은 충격이 그만큼 대단했던 것이다. 이런 부류와 성격의 정보를 접하게 될 때마다 나는 생각을 고쳐먹게 된다. 정작 나를 움직이는 주인은 과연 누구이며, 또 무엇이란 말인가.

그날 이후 나는 인류가 결코 우주 시공간의 주인이 될 수 없다고 생각하게 됐다. 인류는 거대하고 위대한 우주적 고리의 겨우 한 마디를 이루면서 생물 종과 종 사이를 유전적으로 연결하는 역할을 해 오고 있다. 현존하는 종이든 이미 멸종한 종이든 우리는 그들 사이를 연결해 왔다. 지구 생명은, 행성 지구가 태동하던 초기의 단세포 유기체로부터 무려 40억 여 년을 면면히 이어 오늘의 생태계로 진화해 왔다.

당신이 지금 속으로 무슨 생각을 하고 있는지 나는 안다. 사람이 박테리아보다 현명하지 않다는 주장인가, 반문하고 싶을 것이다.

물론 그렇다. 인류는 지구 상 어느 생명 종보다 명민(明敏)한 존재다. 지표면을 신나게 뛰어 다녔다거나, 벌벌 기었다거나, 주르르 미끄러지며 이동했다거나, 그것이 문제가 아니다. 지구 생명의 진화사에서 인류보다 더 현명한 종은 찾아볼 수가 없었다. 하지만 그게 뭐 대수란 말인가. 우리는 음식을 익혀 먹으며, 시와 음악을 짓고, 수학적 재간을 부릴 줄 안다. 당신이 한때 수학에 좀 약한 학생이었다고 하더라도, 가장 현명하다는 침팬지보다 월등히 높은 수학 실력을 가졌다고 자부해도 좋다. 한편 유전자의 관점에서 본 침팬지는 인류와 차이가 거의 없다. 그럼에도 침팬지에게 장제법(長除法, 긴 나눗셈)이나 삼각법을 가르쳐서 성공할 확률은 한마디로 0이다. 영장류를 연구하는 과학자들이 언젠가 시도하게 될지 모르겠지만 말이다.

유전자의 관점에서 우리와 영장류의 미소한 차이가 지능 면에서는 엄청난 차이를 가져왔다. 그렇다면 지적 능력의 차이 역시 그렇게 대단한 것은 아닐 수 있다.

우리보다 고도로 앞선 인지력을 갖춘 생명 종이 우주 어딘가에 살고 있다고 가정해 보자. 그들과 우리의 인지력의 비율이 우리와 침팬지의 그것과 같은 수준일 정도로, 저들이 우수한 두뇌를 소유한 존재라고 하자. 그렇다면 우리가 현재까지 이룩해 놓은 최고의 지적 업적이라고 해도 저들에게는 아주 보잘것없는 것으로 보일 것이다. 걸음마를 막 떼기 시작한 우리의 아이들은 PBS에서 방영되는 「세서미 스트리트(Sesame Street, 깨소금 골목길)」를 보고 알파벳을 배운다. 저들의 자녀는 어쩌면 「불리언 블러바르드(Boolean Boulevard, 불의 가로수길)」* 같은 프로그램을 시청하며 다변수 미적분법을 터득해 갈지 모른다. 우리가 아는 가장 복잡한 정리, 심오한 철학, 누구나 소중하게 여기는 가장 창조적인 작가의 작품이라고 한들, 저들에게는 초등학생을 둔 엄마 아빠가 자녀들이 학교에서 가져와 자기 집 냉장고 문에 자석으로 붙여 두고 즐기는 바로 그런 수준의 그림에 불과할 것이다. 이 외계의 어린 지적 생명들은 스티븐 호킹(영국 케임브리지 대학교에서 한때 아이작 뉴턴 경이 주석했던 바로 그 루카스 석좌 교수로 재직한 적이 있다.)의 연구 결과들을 공부할지도 모른다. 저들의 지적 능력이 지구인보다 아주 조금만 더 우수하다면 이 모든 것이 충분히 가능한 일이다. 왜 그렇지 않겠

---

* 불 대수학(Boolean Algebra)은 18세기 영국의 수학자 조지 불이 창시한 논리 수학의 한 분야로서, 통상 1과 0으로 표기하는 참과 거짓을 변수로 사용한다. 불 대수학은, 컴퓨터 계산 분야의 기본이 되며 컴퓨터 부품 등에 사용되는 전자 회로 설계에 응용된다.

는가? 이론 천체 물리학과 여타의 미적분 기본 계산을 우리의 호킹은 그냥 암산으로 처리한다. 유치원에서 막 귀가한 저들의 꼬마가 그렇게 할 수 있듯이 말이다.

만약 인류의 가장 가까운 친척인 영장류와 우리 인류 사이에 엄청나게 큰 유전적 간극이 존재한다면, 우리는 우리 자신의 총명함을 자축하는 축제를 벌여도 좋다. 인류가 영장류와는 결코 가까운 친척일 수 없으며 뚜렷한 차별화가 가능하다고 뻐기면서 우쭐거려도 좋을 것이다. 하지만 우리와 영장류 사이에 그럴 만한 유전적 간극은 존재하지 않는다. 오히려 인간의 지적 능력은 여타의 자연이 허락하는 그 이상도 이하도 아니다.

믿기 어렵다고? 그렇다면 나는 이 자리에서 몇 가지 수량, 규모, 그리고 치수 상의 비교를 더 시도해 보이겠다. 이 비교를 통해 당신의 하늘을 찌르던 에고가 좀 수그러들기를 바란다.

우선 생명 활동에 필수 요소이며 지구 상 어디에서나 흔히 만나게 되는 물을 예로 들어보자. 한 컵의 물에 들어 있는 물 분자의 수가 오대양 물을 전부 나눠 담은 컵의 수보다 훨씬 많다. 얼마나 많을까? 사람 한 명이 어느 날 마신 물 한 잔이 오대양으로 흘러 들어가 결국은 바닷물과 섞이게 마련이다. 내 몸을 거쳐나간 한 잔의 물에 들어 있었던 물 분자가 바닷물 한 잔마다 몇 개씩 섞여 있을 것이다. 몇 개나 있을까? 바닷물 한 잔에 내 몸을 거쳐 나간 물 분자가 1,500개 이상 들어 있다. 그렇다면, 분자 수준에서 내가 방금 마신 물 한 컵에 소

12 우주적으로 보고 우주적으로 생각하라

크라테스, 칭기즈 칸, 잔 다르크 등의 콩팥을 거쳐 나온 물 분자가 반드시 들어 있다는 결론을 피할 수 없다. 놀랍지 않은가.

같은 비교를 공기 분자를 가지고 해 볼 수 있다. 공기는 물론 물과 함께 우리네 생명을 유지하는 데 절대적으로 필요한 물질이다. 한번 마신 숨은 허파를 거쳐 몸 밖으로 배출되면서 지구 대기에 섞이게 마련이다. 지구 대기를 전부 들이마시려면 숨을 모두 몇 번이나 쉬어야 할까? 그 수를 $N$이라고 했을 때, 한번 내뱉는 숨에 들어 있는 공기 분자의 개수가 $N$보다 훨씬 더 많다. 그러므로 당신이 방금 들이마신 공기에는 나폴레옹, 베토벤, 링컨, 그리고 빌리라는 이름의 이웃집 아이 등의 허파를 통과한 공기 분자가 반드시 들어 있어야 한다.

이제 이러한 종류의 비교를 우주로 확장해 볼 차례다. 우주에 들어 있는 별들의 개수가 지구 상 바닷가 모래밭의 모래알 수보다 많다. 지구가 탄생한 이래 여태껏 흐른 시간을 초 단위로 잰 값보다 별들의 개수가 더 많다. 지구에 태어나 살았던 인간이 내뱉은 모든 단어와 소리의 분절 수보다 별들의 수가 더 많다.

살다보면 우주적 전망대에서 과거를 한번 휙 둘러보고 싶을 때가 있다. 우주적 시각에서 우리는 과거로 돌아갈 수 있다. 왜냐하면 빛이 저 깊은 우주 공간을 지나서 지상 천문대까지 도달하는 데 시간이 걸리기 때문이다. 그러므로 현재 관측에 드러난 천체의 모습과 현상은 해당 천체의 현재가 아니라 과거 어느 한때의 상황일 수밖에 없다. 우리로부터 멀리 떨어져 있는 천체일수록 시공간이 열리던 우주의 초기, 즉 시간 자체가 열리던 그 태초에 더욱 가까운 상태를 우리에게 보여 준다. 사건의 지평선 안에서 우주의 진화상이 우리 눈앞에서 끊임없이 펼쳐지고 있는 셈이다.

현재로 돌아오면 우리 육신이 무엇으로 만들어졌는지 알고 싶을 때가 있다. 누구나 알고 싶어 하는 이러한 종류의 근원적 질문은 그 답을 우주적 관점 밖에서는 찾아보기 어렵다. 우리가 질문을 던지는 순간에 예상했던 것보다 훨씬 더 근원적인 의미가 해당 질문에 담겨 있다. 우주를 구성하는 각종 원소는, 질량이 큰 별의 내부 용광로에서 벼려진 다음 거대한 규모의 폭발을 통해 우주 공간으로 흩어진 것이다. 점점 은하는 시간이 지남에 따라 이런 식으로 생명 현상의 필수 요소로 기능하게 될 각종 원소들로 풍요로워진다. 그 결과가 궁금하지 않은가. 우주에서 가장 활발한 반응을 보이는 네 가지, 즉 수소, 산소, 탄소, 질소가 지구 생명을 구성하는 가장 흔한 원소들이다. 그중에서도 탄소가 모든 생화학적 반응의 기본 틀을 구축한다.

그렇다면 우리가 그냥 이 우주 안에서 사는 게 아니라, 우주가 우리 안에 살고 있다고 해도 과언이 아니다.

이쯤 얘기하고 나면, 우리가 행성 지구만의 소산물이란 생각은 수정돼야 마땅하다. 몇몇 분야에서 독립적으로 이뤄진 연구들의 결과를 종합하다 보면 우리가 도대체 누구이며 어디에서 왔는가를 묻게 된다. 거대한 소행성이 행성 하나와 고속으로 충돌을 할 경우, 충돌에 따른 막대한 양의 운동 에너지가 행성의 표면 물질은 물론 지각을 구성하는 암석편들을 마치 대포알이나 된 듯 우주 공간으로 튕겨 나가게 한다. 우주로 튕겨 나온 암석은 또 다른 행성의 표면에 내려 앉는다. 그런데 의외로 내구력이 지대한 미생물 종들이 많다. 이들 중에는 온도와 압력의 엄청난 변화를 거뜬하게 견뎌 낼 뿐 아니라 우주 공간에서 만나게 되는 강력한 복사장에서도 살아남을 수 있는 극한 생물이 있다. 지구 도처에서 극한 생물이 발견된다. 생명이 서식하는 어떤 행성에 소행성이 충돌할 경우, 거기서 튕겨져 나온 돌덩이의 표면 여기저기에 파여 있을 작은 구멍과 간극 들이 미시 생명체에게 아늑한 보호 구역으로 기능할 수 있다. 그렇다면 행성을 떠난 생명체 같은 생명의 씨앗이 돌멩이에 실려서 외부의 악조건으로부터 보호를 받으며 안전한 우주여행에 오를 수도 있지 않겠는가. 여기에 한 가지 더 생각할 사안이 있다. 최근 연구 결과에 따르면 태양계가 형성된 직후 화성 표면에 액체 위상의 물이 존재했다고 한다. 그렇다면 생명이 지구보다 화성에 먼저 출현했을지도 모를 일이다.

최근 연구 결과들을 종합해 보건대 화성에서 태동한 생명이 지구 생명의 씨앗을 제공했을 수 있다. 이런 주장을 범종설(凡種說, panspermia)이라 부른다. 그렇다고 하더라도 지구인이 화성인의 후손이라고 강하게 주장한다면, 그것은 상상력이 지나치게 발동한 결과가 아닐지 모르겠다.

*

세기를 거듭하면서 우주적 대발견이 이뤄질 때마다 인간의 지나친 자만심에 금이 가곤 했다. 한때 지구가 천문학적으로 유일한 존재일 것으로 믿어졌다. 당시의 천문학적 지식이 가르쳐 주는 바가 그랬다. 그런데 알고 봤더니 지구는 태양을 중심으로 궤도 운동을 하는 여러 행성 중 하나일 뿐이었다. 억울했겠지만 우리는, 지구에 부여했던 특별한 지위를 태양에게 내줘야만 했다. 그런데 또 알고 보니까 밤하늘에 반짝이는 숱한 별들 하나하나가 우리 태양과 비슷한 존재였다. 한동안 우리는 태양계가 속한 우리 은하가 우주의 전부인 줄로 알고 있었다. 여기서 끝나는 게 아니었다. 밤하늘에 희뿌옇게 보이는 작은 점들이 모조리 우리 은하와 같은 은하들이었던 것이다. 우주 야경에 점점이 수를 놓은 것들이 모두 은하라는 말이다. 인간의 과도한 자만심은 이 모든 발견이 가져다준 낭패감을 감내해야만 했다.

오늘날 우리가 속한 우주 단 하나만 존재한다고 생각하면 우리네 마음이 한결 편해질 수 있겠으나, 최근 우주론 분야에서 고개를 들기 시작한 다중 우주론이 또 한 번의 낭패감을 가져다줄 준비를 하고 있다. 새로운 발견이 이뤄질 때마다 인간의 자만심은 심한 낭패를 경험하고 감내해야 했다. 현대 우주론의 발달이 우리로 하여금 우리가 우주에서 유일무이의 지위를 누릴 자격이 없다고 확인, 재확인케 해 줬던 것이다.

*

우주적 시각은 사물의 궁극적 근원을 건드리는 지식에서 성장한다. 그것은 우리가 그냥 알고 있는 것 이상의 지식이다. 제대로 된 우주적 시각을 견지하려면 인류가 그동안 쌓아올린 지식을 활용할 줄 아는 지혜와 통찰이 필요하다. 우리는 이러한 지혜와 통찰을 통해서만 우주의 진정한 속성을 명료하게 볼 줄 알게 된다.

우주적 시각은 우리가 과학의 최전선에 똑바로 설 수 있을 때 비로소 우리의 것이 된다. 그렇다고 해서 우주적 시각이 과학자만의 전유물이란 얘기는 아니다. 모든 이의 것이다.

우주적 시각은 언제나 우리를 겸손하게 한다.

우주적 시각은 영성적이다. 그래서 우리를 속죄의 의미에 천착하게 한다. 그렇다고 해서 종교적인 것은 아니다.

우주적 시각은 우리네 삶에서의 모든 대상을 그것이 크든 작든 동일한 사고의 잣대로 공평하게 받아들일 준비를 하게 한다.

우주적 시각은 우리의 마음을 활짝 열게 해서 예외적 아이디어에서도 가치를 찾아내게 한다. 그렇다고 해서 모든 아이디어들을 무조건 받아들여 우리의 두뇌를 그들로 넘쳐나게 하지는 않는다. 누구의 주장이든 곱씹어 생각하게 함으로써 그 진위부터 가늠하도록 유도하기 때문이다.

우주적 시각은 우리의 눈을 활짝 열게 해서 인류의 시선을 우주의 삼라만상으로 돌리게 한다. 그렇다고 해서 우주 삼라만상이 생명을 양육하도록 설계된 생명의 요람이라고 믿게 하지도 않는다. 오히려 우주적 시각은 우리에게 우주는 냉정하고, 외롭고, 위험천만의 현장임을 인지케 한다. 그리하여 인류 구성원 한 명 한 명이 서로에게 갖는 의미를 되묻게 한다.

우주적 시각은 우리가 살고 있는 이 지구가 한 점 티끌에 불과하다고 일깨워 준다. 하지만 그것은 매우 소중한 티끌임에 틀림이 없다. 지구가 인류의 유일한 안식처이기 때문이다.

우주적 시각은 행성, 위성, 별, 성운 등이 갖고 있는 원초적 아름다움을 느끼게 해 준다. 동시에 우주적 시각은 우리로 하여금 저 모든 아름다움에게 제 나름의 틀을 갖추게 하는 물리 법칙의 위력을 높이 받들어 기리게 한다.

우주적 시각은 우리가 처해 있는 현실이 전부가 아니라고 일깨워 준다. 먹을 것, 피난처, 그리고 짝짓기의 대상을 찾아 헤매는 원초적 욕구와 노력 등을 초월하는 그 무엇이 우주에 존재한다고 일깨워 주며 그것의 깊은 의미를 찾게 한다.

우주적 시각은 공기가 없는 지구 근접 우주 공간에서 국가를 상징하는 깃발이 펄럭여질 수 없다는 사실을 받아들이게 한다. 깃발의 휘날림과 우주 탐사가 서로 별개임을 깨닫게 한다는 말이다.

우주적 시각은 지구 상에 존재하는 모든 생명이 서로 진한 피붙이의 관계에 있음을 인정케 한다. 그뿐 아니라 앞으로 우주에서 발견될 미지의 생명들도 화학적 관점에서 볼 때 우리와 동질성을 갖는 하나의 피붙이가 될 수 있다고 가르친다. 결국 인류의 뿌리가 우주에까지 닿아 있음을 깨닫게 해 준다.

날마다는 무리일지 몰라도 적어도 일주일에 한 번씩만이라도, 진면목을 아직 드러내지 않은 우주적 진실들이 무엇일까, 깊이 생각해 보면 어떨까? 어쩌면 대단히 지혜로운 사상가가 우리 앞에 나타나거나, 대단히 독창적인 실험 프로젝트가 설계 · 추진된다거나, 혁신적인 우주 탐사 미션이 수행된다든가 해서, 우주의 심원한 내면적 실체가 밝혀질 날이 우리 앞에 올지 모른다. 이렇게 알려질 우주의 근원적 진실이 어느 날 갑자기 지구 생명의 본질에 일대 변혁을 불러올 수도 있을 것이다.

우주에 대해 당신이 호기심조차 보이지 않는다면, 당신은 자신이 소유한 토지 10만여 평에서 필요한 모든 것을 다 얻을 수 있다고 믿고 사는 마음 편협한 필부필녀와 다를 바 없다. 그렇지만 우리의 조상들은 언제나 이런 식으로 사고하며 살아왔다. 이렇게 속 좁은 필부필녀라면 그가 비록 현대를 살고 있다고 해도 그는 몽둥이와 돌멩이를 들고 저녁거리를 사냥하러 나서던 원시 혈거인과 정신적으로는 크게 다를 바가 없다.

우주적 시각에서 본다면 우리가 행성 지구에서 살아가는 시간이 매우 짧을 수밖에 없다. 그럼에도 우리 자신과 우리 후손들이 생존할 수 있는 건 우리에게 우주를 탐구할 기회와 흥미가 주어졌기 때문이란 사실을 깨달아야 한다. 탐구 활동 자체가 흥미롭지 않다면 탐구 활동을 벌이기나 했을까 의심된다. 우리에게 탐구의 기회가 흥미로부터 주어졌다는 사실에 감사해야 할 것이다. 그러면서 그 흥미보다 훨씬 더 고상한 이유가 있음에 눈을 돌려야 한다. 만약 우주에 관한 우리의 지식 체계가 더 이상 확장될 수 없는 상황에 이른다면, 우리는 비유든 사실이든 우주 삼라만상이 우리를 중심으로 돌아간다고 믿는 퇴행적 사고에 빠질 위험이 있다. 인류가 이렇게 암담한 처지에 놓이게 된다면, 자원에 굶주린 민족과 국가 들은 서로를 말살할 무장을 하고 버려도 상관없을 숱한 편견들에 근거한 행동에 나서게 되지 않을까 심히 두렵다. 그것은 인류 문명의 마지막 숨이 넘어가는 순간일 것이다. 상상력으로 충만한 새로운 문명이 일어나 우주적 시각을 두려워하지 않고 다시 그 시각을 보듬어 안게 될 때까지 인류는 이 암담한 미래상에서 해방되기 위해 가쁜 숨을 헐떡일 수밖에 없을 것이다.

# 감사의 글

*
 *
**✦**


먼저 몇 년 동안《자연사》에 실린 내 글들을 편집해 준 엘런 골든손과 에이비스 랭에게 감사 인사를 전하고 싶다. 지치지 않는 정열을 가진 편집자인 그들은 언제나 내가 의미하고자 하는 바를 제대로 말하는 법을 알려주었다. 그리고 내가 말한 것이 의미하는 바를 명확하게 다듬어 주었다. 그리고 나의 과학 편집자라 할 친구이자 프린스턴 대학교의 동료인 로버트 럽튼에게도 감사한다. 그는 항상 내가 중요하다고 생각하게 되는 모든 문제들에 대해 나보다 더 많이 알고 있었다. 또 베스티 레너에게도 고마움을 표한다. 그가 내 원고를 보고 해준 제안은 언제나 아크 방전을 일으키듯 원고의 내용을 크게 개선시켜 주었다.

# 옮긴이의 글

*

\*

『날마다 천체 물리』를 집어 드신 독자께,

어제 밤새 내린 눈을 치우고 들어와서 책상머리에 단정히 앉았습니다. 닐 디그래스 타이슨의 새 책『날마다 천체 물리』를 집어 드신 독자 한 분 한 분을 머릿속에 그리면서 이 글을 쓰고 있습니다.

옮긴이는 죄인일 수밖에 없습니다. 이중 죄인입니다. 한 줄 한 줄의 문장과 그 행간에 스며있을 원저자의 개성과 숱한 고심을 독자에게 온전히 전할 수 없기 때문입니다. 옮긴이로서 저는 원서의 저자와 번역서의 독자 양쪽에 다 죄를 짓는 기분입니다. 그럼에도 번역은 꼭 필요하다고 믿습니다. 번역서의 맨 끄트머리에 오게 마련인「옮긴이의 글」은 이중 죄인으로서 옮긴이에게 허락된 유일한 변명의 장일 터이니, 옮긴이의 변명을 여기 늘어놓기로 합니다.

천문학 관련 영문 책을 우리말로 옮겨 일반 대중에게 보이는 일은 저에게 운명적으로 다가왔습니다. 방금 여러분께서 집어 드신

『날마다 천체 물리』의 번역 역시 운명적으로 받아들여야 했던 이중 죄인의 과업이었습니다. 왜 운명이냐고요? 제 얘기를 칼 세이건의 『코스모스』로부터 시작해야겠습니다.

필자가 15년 전에 번역·출간한 칼 에드워드 세이건의 『코스모스』가 그동안 독자 여러분으로부터 과분한 사랑을 끊임없이 받아 왔습니다. 이 책의 모태가 된 13부작 텔레비전 시리즈가 처음 방영된 게 1980년이었습니다. 그 후 오늘에 이르기까지 현대 우주론 분야에서 이뤄진 눈부신 발전을 눈여겨보면서 옮긴이로서 저는 칼이 더 이상 이 세상 사람이 아니라는 사실을 속으로 안타까워했습니다. 『코스모스』가 거의 반세기 전 지식에 기초한 저서라고 해서 오늘날 이 책의 가치가 반감되는 것은 아닙니다. 칼이 자신의 주장을 뒷받침하기 위해 동원했던 당시의 과학적 지식은 38년이 지난 지금도 유효합니다. 이 점이 칼 세이건의 위대성입니다. 그래서 사람들은 세이건의 이 저작물을 과학의 고전이라고 부릅니다.

그럼에도 『코스모스』의 애독자들께서는 우주의 어제, 오늘, 내일을 좀 더 깊이 알고 싶어 하실 게 분명합니다. 한국의 지식인은 현대 우주론의 핵심을 전해 줄 명저의 탄생을 오랫동안 기다려 오셨습니다. 특히 『코스모스』의 애독자 여러분 한 분 한 분이 그러하실 것입니다.

저는 『코스모스』를 번역한 사람으로서 독자에게 진 이 빚의 무게를 힘들어 하던 참이었습니다. 그동안 시간에 등 떠밀려 살아온 저 자신의 육신과 영혼에게 너무 미안해서 정년 후 제천 산골로 들어온 지 상당한 세월이 지난 어느 날이었습니다. ㈜사이언스북스의 노의성 주간이, 세간에서 칼 세이건의 후계자라는 평을 받는다는, 닐 디 그래스 타이슨의 최근 저서 *Astrophysics for People in A Hurry*를 들고 옮긴이의 우거(寓居)를 방문했습니다. 세간의 평이란 원래 믿을 게 못 되는 법이지만, 저는 과학의 대중화에 한몫을 해 오는 닐의 저력을 익히 알고 있던 터라, 건네주는 책을 그 자리에서 급히 훑었습니다. 특히 현대 우주론 부분을 눈여겨 살펴보았습니다. 이 책이면 되겠다 싶었습니다. 『코스모스』의 독자에게 진 빚의 무게를 상당 부분 덜 수 있겠다고 판단했습니다.

닐이 쓴 영문의 우리말 번역인지, 제가 처음부터 그냥 쓴 건지 구분되지 않을 정도로 번역이 수월하게 이뤄진 부분도 물론 있었지만, 그것은 어디까지 극히 적은 일부일 뿐입니다. 어떻게 하면 닐의 몸짓 손짓 목소리를 번역문에 담아낼 수 있을까 고민의 고민을 거듭했지만, 그것은 옮긴이의 능력 바깥이었음을 고백합니다. 그래서 번역문이 전하지 못하는 닐의 아우라를 직접 느껴 보시라는 의도에서 이 책 맨 뒷장에 그의 최근 사진을 실었습니다.

닐의 *Astrophysics for People in A Hurry*를 번역하면서 옮긴이는 과학의 대중화, 대중의 과학화라는 시대의 화두에 대해서 많은 생각을 하게 됩니다. 우리 과학도들은 늘 대중과 평행선을 그리며 살아가야 하는 운명인가, 하는 두려움을 씻어 지울 수가 없습니다. 독자의 이

옮긴이의 글

해를 돕기 위해 다양한 비유를 동원하다 보면 과학의 핵심과 정수를 흐리기 일쑤고, 반대로 과잉 친절을 피한다고 과학적 사실과 진실만을 있는 그대로 전하다 보면 독자로부터 외면을 받습니다. 과학을 대중에게 전달하는 것은 이렇게 지난(至難)의 과업입니다. 그런 의미에서 시간에 등이 떠밀리면서 바쁘게 살아가는 현대인에게 천체 물리학을 들려주겠다는 닐의 용기와 글솜씨에 저는 경의를 표하지 않을 수 없습니다.

수식은 물론이고 그림, 도표, 사진 한 장 없이, 독자들로 하여금 천체 물리학을 주제로 한 책의 페이지를 넘기게끔 만든다는 게, 전문가의 눈에는 장화를 신고 가려운 발목을 긁는 꼴로 보일 수도 있습니다. 대중을 전적으로 의식한 저술에는 함정이 숨어 있게 마련입니다. 독자들이 과학을 이해했다고 오해하기 딱 알맞은 그런 수준의 서술로 그치는 경우가 허다하기 때문입니다. 단지 너스레나 변죽울림으로 주어진 임무를 다 한 척할 수도 있다는 말씀입니다. 그러나 닐은 과학 대중화의 이 어려운 과업을 이 책으로 멋들어지게 해냈습니다.

대폭발 이후 원자가 빚어지고, 별과 은하가 태동하며, 생명의 발현과 종의 분화를 불러온 우주 진화의 대서사를 이렇게 아담한 규모의 책에 담아낸 닐에게 필자는 축하의 큰 박수를 보내고 싶습니다. 암흑 물질과 암흑 에너지가 밀고 당기며 만들어 낼 미지의 미래로 질주하는 우주의 삼라만상을 종횡무진하며, 닐은 산더미처럼 쌓인 관측 결과들 속에서 천체 물리학자들이 '끊임없이' 묻고 또 물어 캐낸 우주의 실상을 남김없이 보여 줍니다. 그러니까 닐 디그래스 타이슨은 현대 천체 물리학자들이 '날마다' 궁리하여 발견해 낸 사실 너머의 진실을 온전하게, 속도감 있게, 그리고 재치 있게 펼쳐 보였다고 하겠습니다.

과학하기에서 사실에서 진실로 이어지는 연구의 여정은 끝이 없습니다. 과학 역시 '구도의 여정'이니까 말씀입니다. '날마다' 이뤄지는 연구자 개인의 부지런한 연구 활동의 결과들이 쌓여, '연구 집단마다', 그리고 '연구 세대마다'로 얽혀서 이어집니다. 인류는 자연이라는 텍스트를 '날마다' 읽고 묵상하기를 계속해서 어마어마한 규모와 깊이의 우주관을 구축하기에 이르렀습니다. 닐의 이 책은 이 '날마다'가 쌓여 만들어진 과학의 세계를 여러분께 환하게 그리고 충실하게 보여 드릴 것입니다.

제목 『날마다 천체 물리』는 출판사 편집진이 옮긴이의 팔을 비틀어 빚어낸 결과입니다. 옮긴이는 '과학도의 순진함'에서 이 번역서의 제목을 "시간에 등 떠밀려 사는 현대인을 위한 천체 물리"로 하자고 제안했습니다. 원서의 제목에 충실하자는 생각에서였지만, 편집진의 설득을 얻어내는 데 완패했습니다.

그럼 편집진의 '날마다'에 대한 변을 들어보실까요. 이 책 마지막 장에 짤막하게 나오는 문장, "날마다는 무리일지 몰라도 적어도 일주일에 한 번씩만이라도 진면목을 아직 드러내지 않은 우주적 진실들이 무엇일까, 깊이 생각해 보면 어떨까?"에서 이 번역서의 제목 "날마다 천체 물리"가 태어났다는 겁니다.

옮긴이의 글

옮긴이로서 저는 좀 의아했습니다. '날마다, 어쩌라고?' 하는 생각이 들었기 때문입니다. 적어도 '날마다 생각하는 천체 물리'든 '날마다 공부하는 천체 물리'든 '날마다'와 '천체 물리' 사이에 뭔가가 있어야 하지 않을까 싶었던 거죠. 그러나 한 번 더 생각해 보니, '날마다'와 '천체 물리' 사이는 독자 여러분이 아주 자연스럽게 채우실 것 같았습니다. 어떤 분은 이 책을 날마다 한 챕터씩 읽으실 테고, 또 어떤 분은 이 책에서 닐이 한 얘기를 머릿속에 떠올리며 날마다 반복되는 출퇴근 러시아워가 주는 스트레스를 잊으실 것입니다. 또 어떤 분은 날마다 주머니에 넣고 다니다가 주문한 커피가 나오길 기다릴 때나, 다음 버스나 지하철이 오길 기다리는 짧은 순간에만 잠깐씩 슬쩍슬쩍 펴 보시겠죠. 우리의 등을 떠미는 대항 불가의 시간에 미력으로나마 저항하는 이런 식의 '날마다'가 쌓이다 보면 여러분의 우주는 훌쩍 커져 있을 겁니다. 이렇게 생각해 보니 『날마다 천체 물리』라는 한국어판 제목은 그리 나쁜 제목이 아니었습니다.

눈 속에 이미 봄님이 와 계시더군요. 제가 사는 꽃댕이 일대가 곧 활기차게 돌아갈 것으로 기대됩니다. 독자 여러분도 이 책과 함께 찬란한 새봄을 맞으시길 기원합니다.

그럼 또,

무술 입춘 함허재에서
옮긴이 홍승수 드림

# 찾아보기

찾아보기

# 날마다 천체물리

1판 1쇄 펴냄 2018년 2월 28일
1판 10쇄 펴냄 2024년 5월 31일

지은이 닐 디그래스 타이슨
옮긴이 홍승수
펴낸이 박상준
펴낸곳 (주)사이언스북스

출판등록 1997. 3. 24.(제16-1444호)
(06027) 서울시 강남구 도산대로1길 62
대표전화 515-2000, 팩시밀리 515-2007
편집부 517-4263, 팩시밀리 514-2329
www.sciencebooks.co.kr

ISBN 978-89-8371-777-1 03440